2016年　2016（总第13册）

主管单位：中华人民共和国住房和城乡建设部
中华人民共和国教育部
主办单位：全国高等学校建筑学学科专业指导委员会
全国高等学校建筑学专业教育评估委员会
中国建筑学会
中国建筑工业出版社
协办单位：清华大学建筑学院　同济大学建筑与城规学院
东南大学建筑学院　天津大学建筑学院
重庆大学建筑城规学院　哈尔滨工业大学建筑学院
西安建筑科技大学建筑学院　华南理工大学建筑学院

编　　辑：《中国建筑教育》编辑部
地　　址：北京海淀区三里河路9号　中国建筑工业出版社　邮编：100037
电　　话：010-58337043　010-58337110
传　　真：010-58337053
投稿邮箱：2822667140@qq.com

出　　版：中国建筑工业出版社
发　　行：中国建筑工业出版社
法律顾问：唐　玮

图书在版编目（CIP）数据

中国建筑教育.2016.总第13册/《中国建筑教育》编辑部编著.—北京：中国建筑工业出版社，2016.3

ISBN 978-7-112-19357-8

Ⅰ.①中… Ⅱ.①中… Ⅲ.①建筑学-教育-研究-中国 Ⅳ.①TU-4

中国版本图书馆CIP数据核字（2016）第081902号

开本：880×1230毫米　1/16　印张：$6\frac{1}{2}$
2016年3月第一版　2016年3月第一次印刷
定价：25.00元
ISBN 978-7-112-19357-8
（28641）

中国建筑工业出版社出版、发行（北京西郊百万庄）
各地新华书店、建筑书店经销
北京画中画印刷有限公司印刷
本社网址：http://www.cabp.com.cn　中国建筑书店：http://www.china-building.com.cn
本社淘宝天猫商城：http://zgjzgycbs.tmall.com　博库书城：http://www.bookuu.com
请关注《中国建筑教育》新浪官方微博：@中国建筑教育_编辑部
请关注微信公众号：《中国建筑教育》

目录

CONTENTS

主编寄语

“建筑没有终极，只有不断的变革。”格罗皮乌斯的这句话是本册第一篇文章的题句。

本册主打栏目“建筑设计研究与教学”包含了7篇各有侧重、方向不同的文章。第一篇“折叠：二维到三维的空间游戏”出自学生之手，显示了在校学生的积极思考与对课程的有益总结，难能可贵的是文章显示出的锐气与探索精神，值得鼓励。接下来的关于小型公共建筑设计课的教学探讨，是西安建筑科技大学针对模块化教学，提出的“节点式”教学理念的介绍。而同样的以提升设计能力为导向的文章还包括以下内容：以提升调研能力为例来探讨设计基本技能的入门；以问题为导向的设计教学研究；基于思维导图的一种讨论型教学方式，文章各自提出了相应的方法并在实践中有效应用。

“建筑教育笔记”是一个关于建筑教育思考以及教学本体之外的扩展场域而引发形成的个人化教学笔记。我们不仅关注教学本身，也关注教学主体与客体；不仅关注对学科的整体思考，也关注单一问题的其他视角的解读与尝试。总之，这是一片新的需要深耕的土地。

“众议”栏目就“当年设计”这一话题推出各自成文的篇章，例如梁雪教授对于天大当年设计课教学的回忆。也有几位著名青年学者对当年设计的集体对话与各自拆析，现身说法，生动有趣。

最后的两篇文章是2015年“清润奖”大学生论文竞赛本科组和硕博组的一等奖获奖论文，分别由作者及指导老师就论文的立论及分析给出了真实的写作经验。同时由竞赛评委对文章的优点以及可以改进提升之处进行简要述评，点评恰如其分，有会心之妙。

2016年，第三届“清润奖”大学生论文竞赛又要开启了，由出题人韩冬青教授给出的题目——“历史作为一种设计资源”，将再一次把我们的目光引向历史，并从历史中汲取营养，获取更多的可能以创造未来，期待同学们踊跃参加！

李东

2016年3月

折叠：二维到三维的空间游戏

——结合大二下学期校史展览馆设计浅谈对折叠手法的理解

张琳惠

Folding: A Game of “2d” to “3d”—Combined with the Exhibition Hall Design

■摘要：折叠可以将二维的平面转换为三维的空间，过程富于游戏的意味，结果不失卓越的表现力。出现于对抗秩序、打破陈规的年代，建筑师关注建筑在城市中的角色，同时也同样钟情于新奇的表达方式。第一部分研究了折叠手法在建筑设计概念阶段的运用；第二部分研究了折叠式建筑的可建造性。通过案例分析，深化对于折叠手法的理解。

■关键词：建筑　折叠　形式　表现

Abstract: Just like a game, lolding converts 2d plane to 3d space, and the result do not lessen expressive force.Appeared in the time that fighting against the order, architects focus on the role of the building in city, at the same time also pay attention to novel expressions. In the first part, we will discuss the folding technique using in the architectural design concept; In the second part, we will discuss the folding construction can or not be built. And through the analysis of the case which designed by the writer during studying, we can deepen theunderstanding of folding.

Key words: Building; Fold; Form; Performance

“我们不能再无休止地一次次复古，建筑学必须前进，否则就要苦死。它的生命来自过去两代人的时间里社会和技术领域出现的巨大变革。建筑没有终极，只有不断的变革。”

——格罗皮乌斯

建筑的形式总是随着科技的进步得以丰富。《易·系辞》曰：“上古穴居而野处。”随后钢筋混凝土技术的发展，使建筑物的形式更加灵活；科技日新月异的当代，也使建筑物的表现手法趋于丰富。而“折纸建筑”也随着时代的发展成为可能。

隈研吾的维多利亚·阿尔伯特博物馆新馆方案（图 1）以及 FOA 设计的日本横滨国际码头（图 2），都是通过折线、折叠的方式成功地赋予建筑物以场所感和多义性。折叠将二维

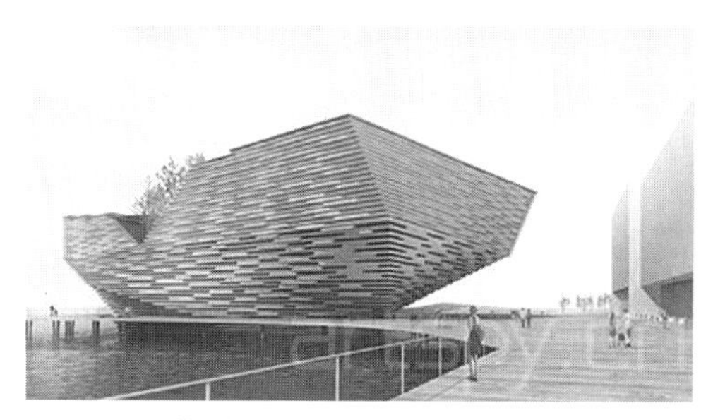
图 1　隈研吾的维多利亚・阿尔伯特博物馆新馆方案

图 2　FOA 设计的日本横滨国际码头

的平面转换为三维的空间，其过程富于游戏的意味，而结果不失卓越的表现力是类似巴洛克式的建筑探索——不仅仅都出现于打破陈规的年代——建筑师也同样关注于建筑在城市中的角色，亦钟情于新奇的表达。

折叠手法作为一种游戏式的探索，与建筑设计和建造的过程一样，都具有很强的趣味性。大二下学期的校史展览馆设计是我对于折叠手法的初次尝试，方案希望通过对造型的处理，创造多义的灰空间，呼应场地的节奏和肌理。在设计作业完成之后，现代建筑构图课又促使我去思考折叠在形式处理上的意义，在后期进一步地反思折叠建筑的实用意义。本文第一部分，研究折叠手法在建筑设计概念阶段的运用；第二部分，研究折叠式建筑的可建造性，结合自己在设计过程中的思考来深化对于折叠手法的理解。由于尚为在校学生，知识有限，定有很多不足之处，见解可能仍比较肤浅，望请见谅。

1　折叠手法在建筑设计概念阶段的运用

1.1　折叠与构图

"折叠"是一个很平常的动词，在包装设计、服装设计、工艺品设计中早就得到了广泛的应用，而与建筑物这种体量巨大的事物似乎比较难联系在一起。在现代主义后期，由于过度强调建筑作为机器的功能性，造成了"千城一面"的现象；作为探索的解构主义，又以另一种极端的、破碎的手法出现，并遭到批判。1993 年的《A+D》中，建筑师产生了对折叠手法的兴趣，这种哲学来源于德勒兹的《褶子：莱布尼茨与巴洛克风格》一书，且具有连续性和多义性的建筑手法，富于巴洛克式的对于新奇形式的追求。

折叠过程中，从二维平面到三维立体的过程，同样生成了构图的基本要素：点、线、面、体。而通过折叠方式来控制质感、色彩、尺度、位置、方向、形状，也使得建筑形态利于操作。

为了满足需求，一个建筑物会同时运用一种或多种建筑形式的加工方法。查尔斯・詹克斯在《跳跃式宇宙的建筑学》一书中提出，跨世纪的建筑学应该是复杂的、混沌的、跳跃的、有机的和多元的。由此，他提出了许多建筑设计的手法，如波动、折曲、叠合、组织深度、自组、涌现、多价、拼贴、激进折中、生态、双规范等。由于目前所学局限，这一方面不再论述；而传统的手法，如附加、外围加工、凹凸曲折、相似与重复、穿插、切削、旋转、拉伸、断裂、错位、仿生物形态、几何变异、化简等，也在折叠过程中得到了运用。即使作为一种新的操作方式，折叠也同样遵循形式美的规律。

在建筑概念阶段，折叠作为一种推敲形体的手段，具有可知性与不可知性。其可知性在于，我们通过熟悉的操作手法，如外围加工、凹凸曲折、旋转、穿插、切削等进行操作，根据功能和造型需要来控制形体的大致形状，生成具有基本要素的形态；而不可知性在于折叠过程中有大量的拓扑形可以彼此替换、互相转化、辅助推敲，通过对拓扑形的筛选，可以得到最希望得到的形态。故折叠为建筑创作提供了无限的可能。

1.2　折叠手法的初尝试

1.2.1　生成总平面

我对折叠手法的第一次尝试是在大二下学期的校史展览馆设计。此次设计的基地位于合肥工业大学新区俪人湖畔，场地为狭长的梯形，南侧为主干道，东临湖畔小路，西侧水泥路上视野开阔，北部为宿舍区（图 3）。基地水平向特征明显，东西两侧景观朝向好，而主

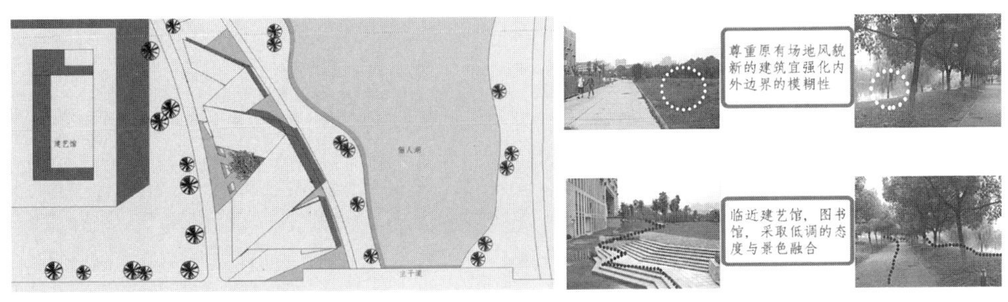

图 3　大二下学期校史展览馆基地分析

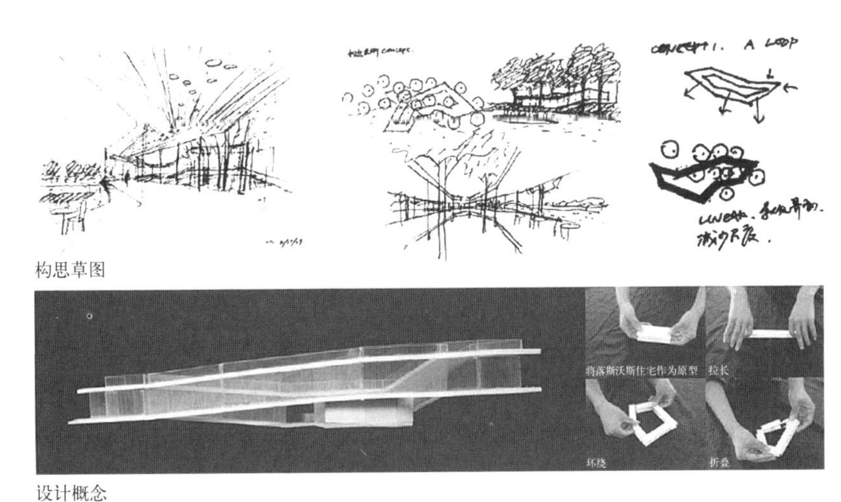

图 4　水边会所——折叠的范斯沃斯住宅

要立面却在较为狭小的南侧；新建筑附近的图书馆和建艺馆均为新区的标志性建筑，风格各有特色，新建筑很难从形态上与老建筑进行延续。

在华黎的水边会所方案（图 4）里也出现过类似的基地情况。建筑选址在盐城大洋湾的一条小河边，水平特征明显，景观自然纯粹。建筑师力求使建筑融入而不打扰环境，故以密斯·凡·德罗的范斯沃斯住宅为原型进行折叠变异。通过拉伸、环绕、折叠等动作，获得了减小进深（使建筑更通透）、形成内院（丰富了空间和景观的层次）、亲近水面和利用屋顶（延展可活动和观景的空间）的空间效果。建筑物时而轻轻抬起，时而盘旋树丛之间，在水岸边蜿蜒、游走。

校史展览馆作为校园内的建筑，应当不仅仅是一个悬挂历史图像的空间，更应该成为一个让人去思考来源去处、不至于迷失前进方向的情感场所；作为良好景观附近的建筑，应当不仅仅是“加入”自然，更应该成为一个与自然融合统一而又有丰富的活动和观景空间的人造景观。联系我所看到的水边会所的案例，我决定采取折叠的方式生成造型与灰空间，立面后期根据功能进行调整。

在公共空间的创造中，我参考了日本 YOKOHANMA 的横滨港码头（图 5）。人们在流动的褶子中进出建筑，建筑物通过对场地折线式的占领形成了丰富的户外空间，成为市民活动的广场。在前期调研时，我发现有一些学生喜欢在选址附近观景、晨读、约会，所以在总平面的构思上，我结合湖畔的形状生成了建筑物折叠的走向，希望形成丰富的院落，为学生的交流和学习提供多样的场所（图 6）。

整体上，折线使得建筑亲近自然，保持了建筑体量连续性的同时，也使建筑成为低调而亲和的空间。建筑通过与景观融合的方式融入建艺馆、图书馆和教学区的大背景下。

细部上，通过折叠形式的相似与重复，增加了建筑物的节奏感和力量感；通过凹凸曲折的方式，也扩大了建筑物与景观的接触面。建筑物在南北方向上蜿蜒，有鲜明的水平向特征。而折叠的方式也是一种很好的调整造型的方式。

1.2.2　围合空间

我尝试用一种更加直白的方式形成空间。德勒兹在《褶子：莱布尼茨与巴洛克风格》一书中说：“任何事物都以它自己的方式进行着折叠。”参考 2002 年获奖作品 eyebeam 新媒体艺术科技博物

图 5　横滨港码头

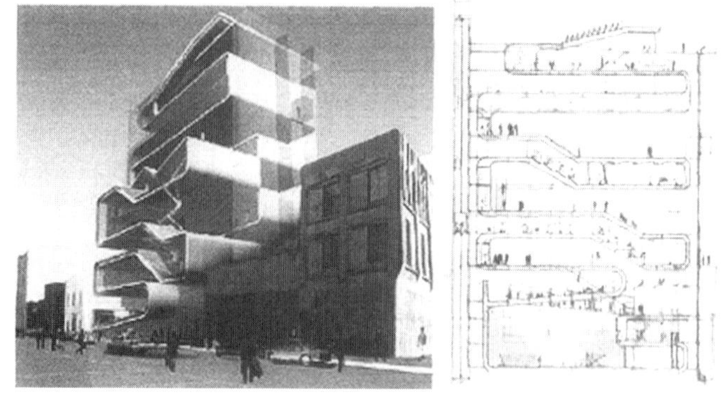

a）eyebeam 新媒体艺术科技博物馆案例

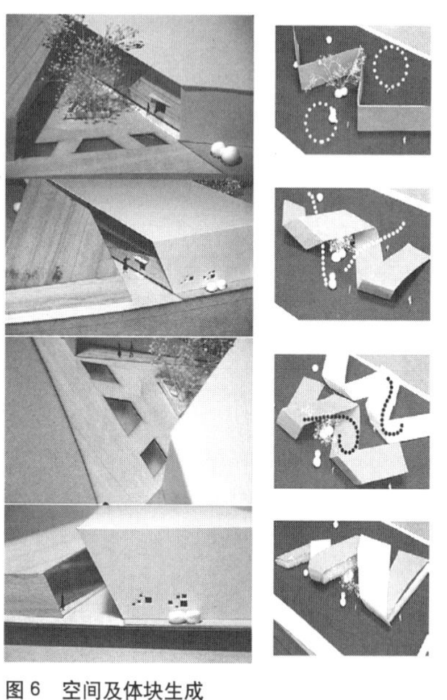

图 6　空间及体块生成

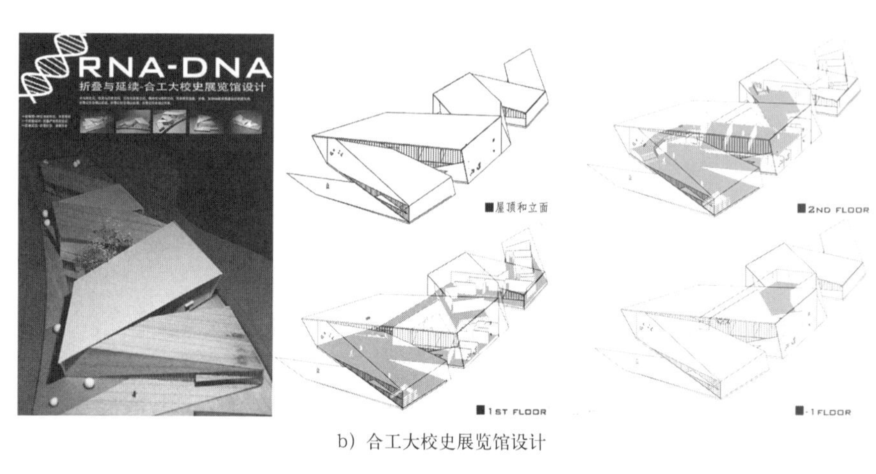

b）合工大校史展览馆设计

图 7　彼此结合又互相独立的处理

馆案例，两条带子在竖直方向折叠而上，也形成了折叠所具有的独特肌理。Diller+Scoffidio 以两条带子分别隐喻虚拟与现实，“就像一对理想的夫妇，彼此结合又相互独立”（图 7）。

生命信息都是在折叠旋转着的 DNA 中包含着的。DNA 作为保存生命信息的物质，与保留历史的校史馆有着共同之处。出于一种单纯的形态上的模拟，我将总平面设计阶段的一条带子变成了两条带子，在折叠与盘旋之间形成内外空间。再根据功能的要求，进行对内部空间的布置。这两条带子可以作为历史与现实的隐喻、景观与建筑的隐喻、水与岸的隐喻、精神性和物质性的隐喻。这使参观者感觉自己像是在两条纸带间运动参观，同时建筑物也具有了折叠的肌理。

当然，单纯的折叠形态也与内部的功能有一定的冲突。所以在立面处理时，为了平衡形态与功能，尽量不影响外观的整体性，我在比较实的面上开了点窗，通过点要素来丰富立面；又通过运用大片的玻璃幕墙，使得折叠的形态得以延续（图 8，图 9）。

2　折叠式建筑的可建造性

建筑创作不能仅仅停留于概念阶段。在实际建造过程中，建筑受物质功能因素、地理环境因素、文化环境因素和情感与审美因素的制约。在参数化设计广泛普及的今天，折叠式建筑的建模难度降低，新材料、新技术的发展也使得折叠式建筑的建造成为可能。

2.1 折叠建筑结构上的可行性

横滨国际码头的屋顶通过折叠方式达到了大跨度的目的（图 10）。这种结构也丰富了内部的空间。而丹尼尔·里伯斯金的维多利亚·阿尔伯特博物馆扩建方案中，运用了螺旋折线，通过与结构工程师贝尔蒙德的配合，实现了其穿插破碎的构思（图 11）。贝尔蒙德通过墙体的插接形成承重结构，而不再需要其他承重结构。

2.2 折叠建筑材料使用的探索

建造折叠式的建筑需要可塑性强的材料，也只有诸如混凝土一类的材料才能满足折叠式建筑极具巴洛克风格的浪漫追求。如 UNstudio 设计的奔驰博物馆（图 12），浇灌整个建筑用了 11 万多吨的混凝土，采用了超强配筋结构。还有一些材料如木材、玻璃、金属板（钛、

图 8　剖透视图

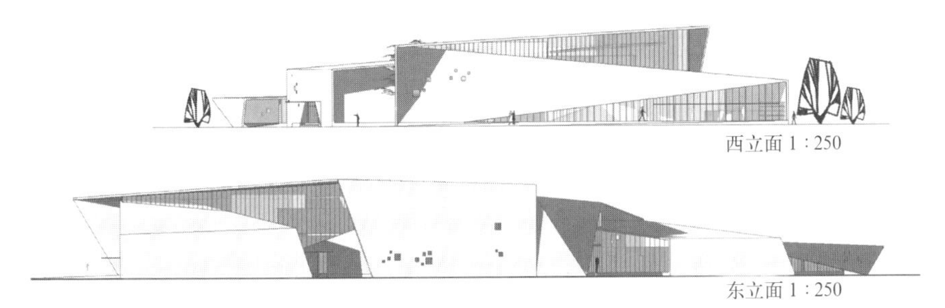

图 9　立面图

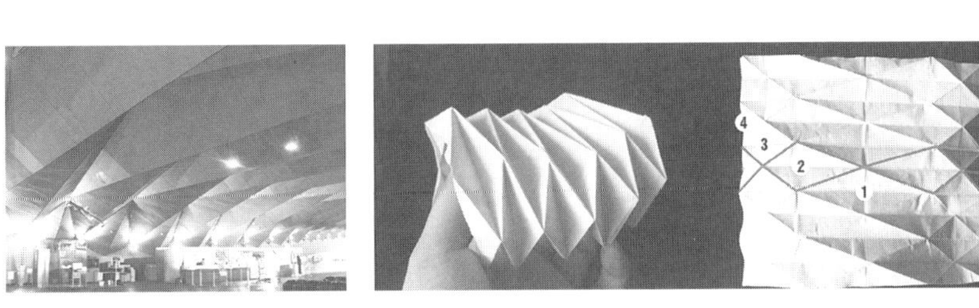

图 10　横滨国际码头屋顶结构折叠示意

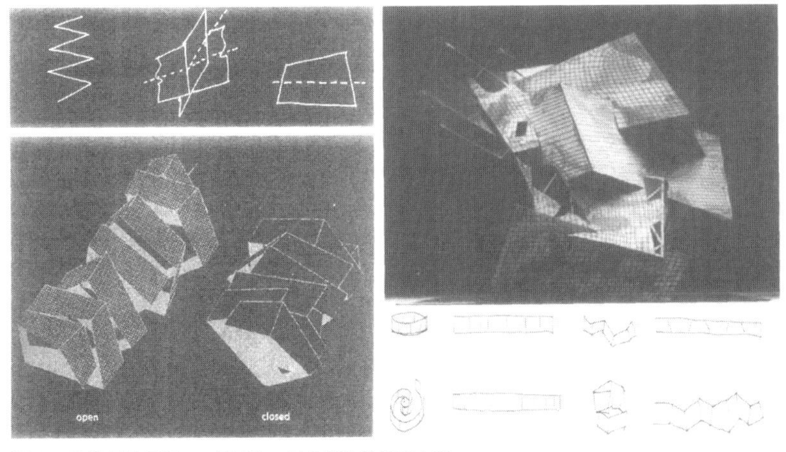

图 11　结构折叠示意——丹尼尔·里伯斯金的扩建方案

图 12　奔驰博物馆

锌、铝）等也为建筑师常用。

在折叠建筑的构建过程中，运用材料的目的应当是突出建筑物空间的折叠特征。在校史展览馆设计中，我将两条带的材料区别开，一则是丰富形态；二则是为了突出设计过程。但材料的视觉特征并非是建筑设计的目标。奔驰博物馆中的素混凝土内表面与铝板外表面，是为了模拟汽车工业的用材。

在折叠建筑中，运用材料的方式有两种：一是材料即是建筑物的结构，如远藤秀平用波纹钢板所建造的一系列建筑；二是为了表达某种含义，将材料通过特殊结构附在建筑物内部结构上，如铝板作为奔驰博物馆的外立面材料与混凝土的连接。

3 结语

本文结合大二下学期第二个课程设计——“合肥工业大学校史展览馆设计”，对折叠手法在建筑设计的概念阶段及建造阶段的运用进行了一些思考。由于学习还不够深入，且折叠概念原本在哲学范畴，建筑师仅仅对此进行了思考与探索，所以本文对于折叠的探讨还不够全面，只求通过此文来深化自己对于折叠手法的理解。在当代背景下，建筑形式应当追求个性，但也不可脱离其功能性、实用性。在以后的学习过程中，一方面要大胆探索、大胆尝试，另一方面则要踏实地赋予作品以可建造性。

“我在自己设计的建筑中，却并不轻易地将自己的思想或美学观点向现实问题妥协，而是将自己的艺术表现按照社会的、客观的观点升华成一座建筑。这里为其奋斗的精神是非常重要的。不要对自己的设计失去信心、放弃理想，而是要追求一切可能，这里不可缺少的是克服困难的智慧、勇气和决心。”

——安藤忠雄

参考文献：

[1]（日）安藤忠雄．建筑与我的梦．北京：中信出版社，2013.

[2] 高天．当代建筑中折叠的发生与发展 [D]. 上海：同济大学，2007.

[3] 魏鹏程．当代折叠建筑及其设计过程解析 [D]. 南京：东南大学，2010.

[4] 华黎．水边会所——折叠的范斯沃斯．建筑学报，2012 (1)：53.

[5]（美）C. 亚历山大．建筑的永恒之道 [M]. 赵冰译．北京：中国建筑工业出版社，1989.

图片来源：

图 1：http://news.zhulong.com/read178732.htm.

图 2：http://www.douban.com/note/202460691/.

图 3：作者自绘．

图 4：华黎．水边会所——折叠的范斯沃斯．建筑学报 [J].2012 (1)：53.

图 5：http://blog.sina.com.cn/s/blog_5399974e010005z0.html.

图 6：作者自绘．

图 7：高天．当代建筑中折叠的发生与发展 [D]. 上海：同济大学，2007；b）图作者自绘．

图 8：作者自绘．

图 9：作者自绘．

图 10：http://www.douban.com/note/202460691/.

图 11：高天．当代建筑中折叠的发生与发展 [D]. 上海：同济大学，2007.

图 12：上图自 http://www.mt-bbs.com/thread-147198-1-1.html；下图自高天．当代建筑中折叠的发生与发展．[D]. 上海：同济大学，2007.

作者：张琳惠，合肥工业大学建筑与艺术学院建筑学13-1班

模块化导向下小型公共建筑设计课实践与思考

石英

Practice and Thinking of the Architecture Design Course in the Background of Modules and Nodal Points Teach

■摘要：本文通过对西安建筑科技大学建筑学专业二年级建筑设计课程教学实践的探讨，针对模块化教学，提出了"节点式"建筑设计教学理念，并对小型公共建筑设计的教学课程方法（山地旅馆设计课程）进行总结与反思。
■关键词：模块化　节点式　教学实践　"长题"教学设计
Abstract: This thesis discuss teaching practice in sophomore design course of architecture department of Xi'an University of Architecture and Technology, based on model of thematically concentrate teaching, we put forward the "node type" theory of teaching in course, the summary and reflect the methods and skills through the course of small public building design.
Key words: Nodal Point; Research-based Learning; Teaching Practice; "Long Project" Teaching Design

随着教育观念的转变，结合21世纪建筑学专业人才培养要求，我院建筑设计系列课程教学改革不断推进，如设计理论课程方面的《基于"卓越工程师培养计划"背景下的建筑设计理论课程体系多元化教学探索》，而中小型公共建筑设计课程系列是建筑设计课程体系中的重要组成部分，是培养学生创造性思维并初步形成建筑观、建筑设计方法的重要环节。

2012～2013学年开始，我校的建筑设计课程尝试推行模块化教学实践，即将设计课程集中在每学期10周的时间模块内完成，其他课程则安排在学期内的其余时间段来授课。这种集中教学的方式，可以使学生在相对完整的时间内、集中精力地完成课程设计作业。

1.课程背景

"小型公共建筑设计"是西安建筑科技大学建筑学院建筑学专业二年级的主干课程，也是建筑设计基础转向建筑专业设计的衔接课程，在整体教学体系中起着承上启下的作用。山地旅馆设计课程占时共10周，80学时，该课程是专业培养第一阶段建筑设计长题，是在进行过建筑设计基础训练后第一个较为全面地解决公共建筑设计基本问题的课程。

该课程设计希望通过小型旅馆建筑设计，使学生理解与掌握具有综合功能要求的小型公共建筑的设计方法和步骤，理解综合解决人、建筑、环境的关系，培养能解决功能、形态创造与工程技术经济的能力。因此，"山地旅馆设计"课程在建筑学的教学计划中具有"承上启下"的关键节点的位置。

2.教学实践

2.1 教学要求与目标

首先，对于设计目标确定，要引导学生突破物质空间范畴，对多个元素进行分析，在分析基地环境的基础上提取构成元素，把具象功能"元素化"，例如山地地形下不定基面的约束条件、客房单元、会议娱乐区、行政后勤区等等。其次，将具有不同功能属性的元素通过重复、并列、叠加、相交、切割、贯穿等构成手法，相互组织在一起，形成理性分析和感性创作结合的立体构成模型，完成建筑初步形态。再次，通过分析任务书的功能要求，在立体构成的基础上对空间以及空间的组织结构形式进行设计，在空间的限定、分割、组合的构成中，同时注入用地环境、地域气候、道路交通等要素对建筑总体布局的影响因素，并多以几何形体呈现，完成初步的、带有立体构成倾向的功能模型。

2.2 节点式教学方法的运用

在模块化教学体系的大背景下，山地旅馆设计提出"节点式教学方法"，强调以设计课程为主线，打破固有的各门类教学课程相互孤立的格局，对相关课程进行模块化分解，并与设计课程的各个教学单元模块进行合理的穿插和整合，从而形成有机联系的教学体系，这就要求在中小型公共建筑设计课程的教学安排上突出阶段性，对教学内容和进度进行科学、合理的分解和安排，以形成既能够相互衔接又具有相对完整性的教学模块及相应的节点，以实现教学过程的可控性；同时，在各个教学节点处设置反馈、交流环节，为下一阶段的教学模块调整提供依据，进而最终实现灵活可变的模块化教学，形成以学生为主体、以教学规律为导向的教学方法，提高教学质量。

2.3 学生"体验式"的学习过程

中小型公共建筑设计课程中以各教学环节的需求为导向，采取联合指导、专题讲座等多种形式，有针对性地引入其他学术力量，形成教学活动中"教"这一方面的开放式组织；打破固有的班级界限，以教学小队为基本单元，通过在各教学节点上精心安排讨论、反馈环节，实现各教学小队之间的高频次、多角度交流和互动，从而形成教学活动中"学"这一方面的开放式组织。

与此同时，增加了讨论课的形式（图1），由学生介绍自己的想法与设计，其他同学可以自由发表个人的意见和看法。让学生成为课堂的主体，教师则是参与者和倾听者，激发学生的兴趣和热情，鼓励学生独立思考、判断以及自由表达自己想法的能力。这种学生讨论、教师引导的方式取得了较为理想的效果，其主要表现在：学生设计思路更加发散、更有想法，设计成果的表达也表现出多样性，避免思路单一、手法雷同等问题的出现。

最后，我们提倡学生走出教材，不仅要将主要参考书籍通读并理解应用，还要对与课程设计相关的重要理论著作有所涉猎，结合"公共建筑设计原理等理"论基础课程开展广泛的课外阅读，此类书籍包括《外部空间组合论》、《建筑空间组合论》等（图2）。

3.考核方式

3.1 作业方面

整个设计任务分四个节点展开。第一个节点的要求：(1) 参观1～2处西安地区现有旅游度假旅馆，撰写参观调研报告，同时进行分析、汇报；(2) 解读练习，在建筑或旅游类杂志上，选取2～3个小型旅馆的建筑方案或实例（图3），在仔细阅读所选建筑设计方案的基础上，做出其中两个方案的功能空间关系图，用钢笔徒手画的方法勾画出所提供建筑的透视图或鸟瞰图，并做出分析，要求注意体会旅馆建筑的功能构成、组织关系、环境关系、结构特点、形态特点、室内外环境处理等方面。第二个节点，要求学生设计能适应山地特殊

图 1　课程讨论课教学

图 2　课程相关参考书籍

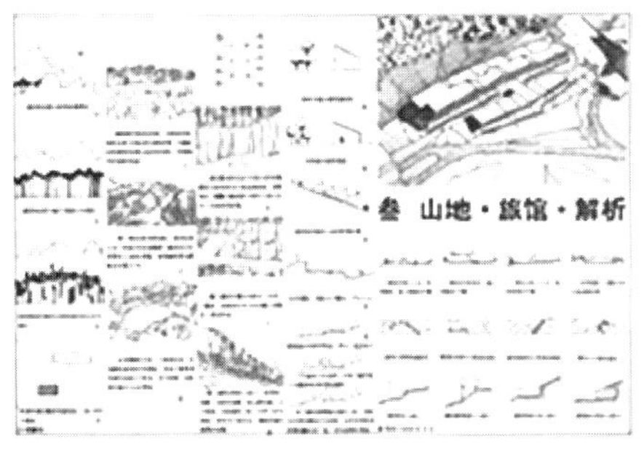

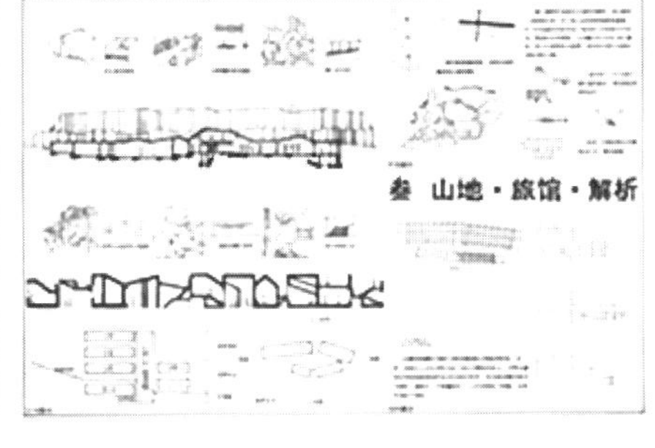

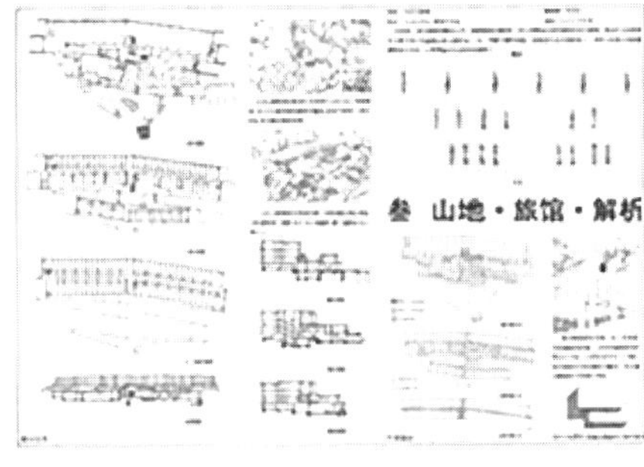

图 3　2015 年建筑学 13 级山地旅馆实例分析节点作业

地形和满足不同功能目的的公共建筑，这一阶段的设计仅研究可变的建筑立面、流线、结构，重点是研究开放式结构的复杂性、中立性、完整性、灵活性；鼓励多样性，带有差异的不确定性、模糊性等过程。此节点要求的成果有（1）地形分析报告，A、B、C 三个地段任选其一，在所做用地模型的基础上，主要以图解的方式完成对基地的分析，并配以适当的文字说明；（2）方案构思设计，要求学生选择一块基地，结合地形环境，综合解决流线组织、功能分区以及形体组合等多方面内容。第三个节点的成果：（1）完善设计，在深化方案的基础上，进一步对建筑立面、建筑细部、室内空间等方面进行设计定型，并且对最终的正式图进行构图设计。最后一个节点成果：正式成果图，要求同学采用工具图、渲染图、模型照片等综合手

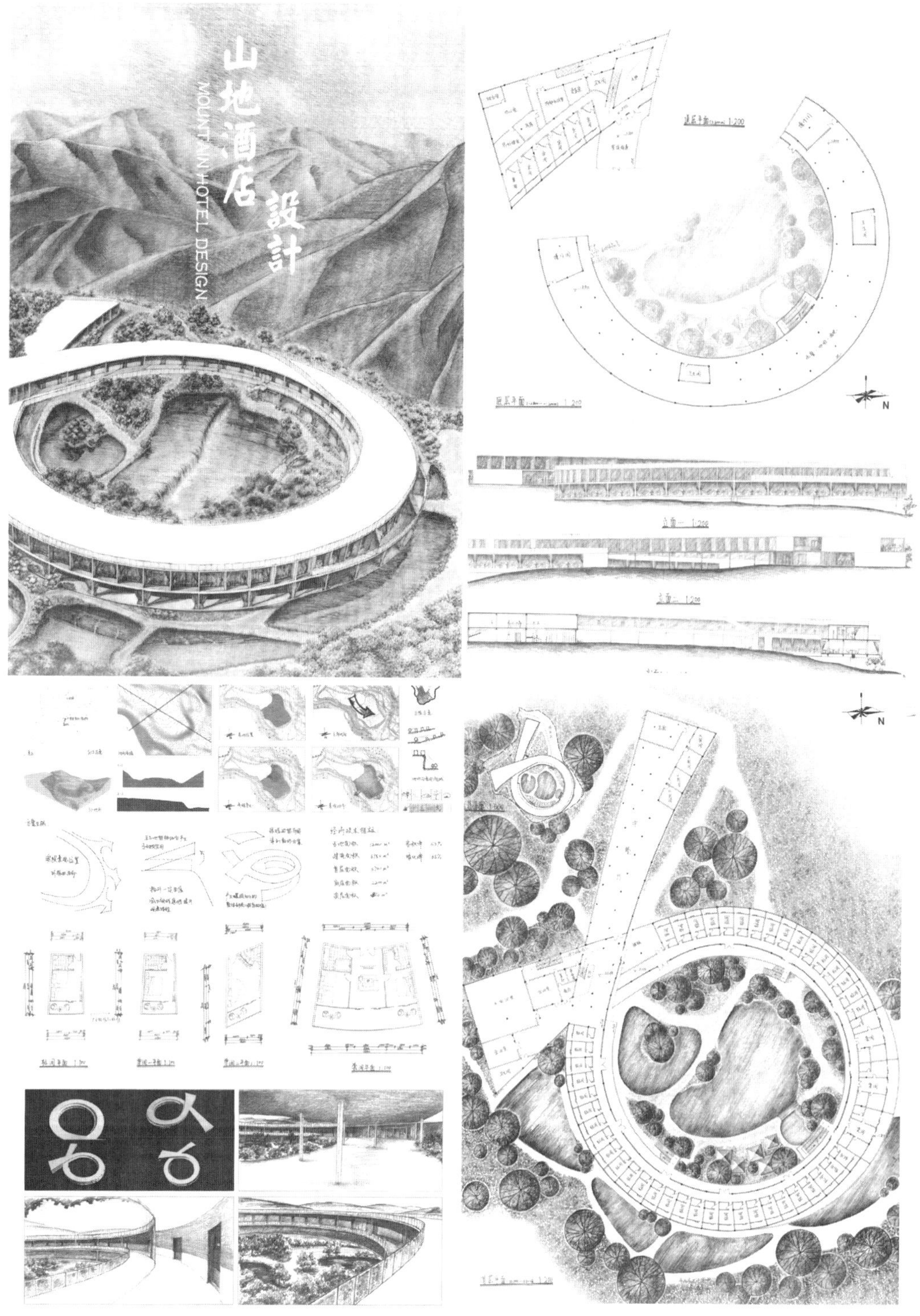

图 4　2015 年建筑学 13 级山地旅馆作业

图 5　答辩评审与课程总结

段，表达自己的设计构思（图 4）。

3.2 开放式评价

在教学成果评价中引入外部评价机制，组织进行公开评图。这样一方面可以利用学院跨学科、跨专业的师资力量对教学成果进行多视角且较为全面的评价；另一方面，这种开放学生参与的公开评图活动也能够使学生获得与非任课教师的交流机会。

公开评图是每次课程设计结束时，建筑系从各大设计机构和事务所聘请资深建筑师和专家学者组成评审小组（指导教师只给学生图纸成绩，不参加答辩评审），对学生提交的作品图纸、模型及多媒体演示文件进行全方位、多角度、多层次的评价。评图中增加答辩的方式，不仅为学生提供了表达设计的机会，同时也让学生有机会获得各方评委的点评和鞭策；另外采用贴条的方式（指导教师不参与）投票决定全年级的优秀作业，也极大地激励了指导教师的教学热情。该成绩可以较准确地反映学生方案的创新性和合理性，尽可能实现客观性与公正性。考核完成之后，进行课程总结与成果发布，举办专项教学成果展览、教学研讨会，亦有力地促进了研究型教学（图 5）。

4.小结与反思

促进学生自主地发现问题和寻求解决问题的方法，培养了学生独立思考和创造性解决问题的能力。"山地旅馆设计"课程教学在实践中已经形成了自身的特色。这些富于特色的教学设置不仅使学生取得了进步，也让我们从中收获到有益的教学经验。然而，教育过程的最大失误是试图把教育形式化，因而建筑教育也是个不断创新的过程。"山地旅馆设计"课程教学的特色需要不断的更新，只有这样才能适应社会发展、学生特点的新变化。面对这一问题我们需要运用创新的精神和智慧不断去思考、探索、践行。

（基金项目：陕西省教育厅自然科学基金资助项目，项目编号：14JK1435；西安建筑科技大学科技基金项目，项目编号：QN1413）

参考文献：

[1] 谢振宇 . 以设计深化为目的专题整合的设计教学探索——同济建筑系三年级城市综合体"长题"教学设计 // 全国高等学校建筑学科专业指导委员会编 .2013 年全国建筑教育学术研讨会论文集 [A]．北京：中国建筑工业出版社，2013：104–108.

图片来源：

图 1 ~图 5：作者自摄 .

作者：石英，西安建筑科技大学　讲师

建筑专业基本技能入门教学探讨

——以调研能力训练为例

侯世荣　赵斌　张雅丽

A Discussion on the Introduction of Basic Skills for Architecture Major-Taking Research Capability Training as an Example

■摘要：调研能力是建筑专业学生必备的基本能力之一，国内在建筑设计基础教学领域鲜有对调研能力教学的探讨。文章梳理了国内高校调研课程的现状，提出并剖析了本科阶段调研教学中存在的“观察对象不深入”与“表达方式单一”两个问题。依据认识论的基本原理，阐释了建筑设计基础课程中基于“关键词书写与表达变量控制”的调研入门教学方法，并通过城市认知训练对教学组织及成果进行了说明。
■关键词：基本技能　调研能力教学　关键词　表达变量
Abstract: Research capability is one of the basic indispensable skills for architecture majors, but there is few discussion about research capability teaching in domestic fundamental teaching of architectural design. This essay first reviews the current situation of research courses in domestic universities. Next, it proposes and analyzes two problems existed in research teaching at the undergraduate stage: failing to observe participants in depth and expressing views in a single way. According to the principles of epistemology, the essay explains the research teaching method at the beginning stage in foundation courses of architectural design which is on the basis of “key words writing and expression variables control” . This is followed by the illustration of teaching organization and results via city cognitive training.
Key words: Basic Capability; Research Capability Teaching; Key Words; Expression Variables

一、调研能力培养的必要性

调研是开始建筑设计的必要和基础环节。在设计进程中，我们常常通过现场走访、调查问卷、文献查阅以及案例分析等多种调研方式分析现状条件，借鉴间接经验来指导设计的推进。因此，调研能力作为建筑学专业学生必备的一项基本技能逐渐被部分高校重视起来，并成为建筑设计教学中不可缺少的环节之一。在这其中，现场调研又是所有调研手段中最重要且最基本的方式。应该如何引导学生了解调研的内容，有没有相应的方法可循？山东建筑大学建筑城规学院建筑设计基础教研组对此进行了探讨。

二、调研能力培养的相关探讨

1．调研能力培养的条件

（1）外部条件

教学组根据国内部分高校建筑设计基础课程中的调研环节进行调查[1]。由表 1 可知，部分高校中已经设置了调研方面的训练，不过其中一部分调研环节的设置更多的是为设计服务，重点在于对调查对象的研究；另一部分调研环节的设置具有一定的方法论意义，如东南大学从空间角度利用图示方法进行街区调研，同济大学利用现代影像手段进行里弄住宅的调研等。

部分高校设计基础调研环节设置情况 表 1

学校名称	是否设置场地调研	调研环节设置特点	评价
北方工业大学	否	—	—
北京交通大学	是	建筑认识实习中有校园参观与调研环节	重点在于调研对象
北京工业大学	否	—	—
大连理工大学	是	城市建筑认知中描摹城市地图	拆分建筑与道路等级
湖南大学	是	场所认知模块中进行基地调研	重点在于调研对象
华中科技大学	否	—	—
四川大学	否	—	—
同济大学	是	环境认知环节中进行里弄住宅建筑实录、影像生存	利用影像等手段表达
重庆大学	否	—	—
东南大学	是	城市认知中对街区环境进行空间角度的分析	利用图示进行分析

来源：笔者自绘

（2）内部条件

教学组梳理了我校建筑学二、三年级设计主干课中调研方面的基本内容。由表 2 可知，从模块一的基本训练到模块二的复合训练再到模块三的综合训练过程之中，随着训练难度的增大、知识点的增多，调研方式也在单一的实地参观基础上逐步增加了场地调研、案例分析以及文献查阅等内容。在设计课中，学生不仅需要汲取设计知识，还需要掌握更多的基本技能。与之相矛盾的是，调研过程在设计周期中所占用的时间并未改变，尽管在三年级的设计课程中增加了实践周的环节，调研过程也仅是 1 周时间而已。同时，紧张的课程进度无法允许调研方法的讲授占用课程时间，这就形成了教学层面上调研方法的“真空”以及学生层面上“凭借感觉”调研的局面。没有相关方法的指导，经过整个本科阶段的训练，学生对调研方法的认知程度与初学者相差无异。

山东建筑大学建筑学二、三年级训练专题中主要调研方式总结 表 2

<table>
<tr><th>学期</th><th></th><th>训练专题</th><th>训练题目</th><th>调研方式</th><th>占用课程</th><th>周期</th></tr>
<tr><td rowspan="3">二上</td><td rowspan="3">模块一</td><td>单一空间</td><td>工作室</td><td>实地参观</td><td>课堂时间</td><td>1 周</td></tr>
<tr><td>组合空间</td><td>小型展馆</td><td>场地调研、案例分析</td><td>课堂时间</td><td>1 周</td></tr>
<tr><td>综合空间</td><td>幼儿园</td><td>实地参观、案例分析</td><td>课堂时间</td><td>1 周</td></tr>
<tr><td rowspan="2">二下</td><td rowspan="2">模块二</td><td>自然环境</td><td>山地别墅</td><td>山地调研、案例分析</td><td>实践周 1</td><td>1 周</td></tr>
<tr><td>街区环境</td><td>会所设计</td><td>街区调研、案例分析</td><td>实践周 2</td><td>1 周</td></tr>
<tr><td rowspan="2">三上</td><td rowspan="2">模块三</td><td>场所营造</td><td>校史馆</td><td>场地调研、案例分析</td><td>课堂时间</td><td>1 周</td></tr>
<tr><td>空间再生</td><td>青年旅社</td><td>厂房调研、现场测绘、案例分析、文献查阅</td><td>实践周 3</td><td>1 周</td></tr>
<tr><td rowspan="2">三下</td><td rowspan="2">—</td><td>技术综合</td><td>剧场设计</td><td>场地调研、案例分析、文献查阅</td><td>认识实习</td><td>1 周</td></tr>
<tr><td>概念统筹</td><td>社区中心</td><td>场地调研、案例分析、文献查阅</td><td>实践周 4</td><td>1 周</td></tr>
</table>

来源：笔者自绘

针对以上的情况，设计基础教研组结合学院“专业知识训练与基本技能训练”并重的建筑设计基础课程架构特征，提出在一年级设计基础课程中进行调研能力的入门教学，引导学生了解如何进行现场调研，为学生在高年级掌握更多的调研技巧打下基础。由于一年级学生尚未具备基本的设计能力与知识，调研能力的培养并非专业知识的传授过程，而是引导学生转变思维方式的过程。

2. 调研存在的问题

尽管二年级至五年级的专业课程训练在场地、使用人群、功能以及结构形式等方面愈加的复杂与综合，但是设计调研始终是学生在设计开始时面临的首要问题。为了厘清调研中存在的问题，教学组选取了一定量的调研报告进行了专题研究，发现学生在实地调研中主要存在以下两个方面的问题。

（1）观察对象不深入

学生在观察与表达对象的选择上含混不清，观察事物的视角过于宽泛，无法对其进行细致深入的了解。由于认识无法深入，对观察对象的认知停留在感观的层面，调研成果也仅仅是多个方面信息的无序堆积与简单罗列（图 1）。

（2）表达方式单一

观察与表达存在着明确的先后顺序，观察角度太宽泛，观察对象不深入，这些因素必然影响到调研的表达。例如某学生试图讨论建筑材料对别墅空间的影响，调研成果是通过文字对建筑照片进行简单描述。由于不能够深入观察并且呈现问题，致使这类调研成果空洞肤浅，无法有效指导设计的推进（图 2）。

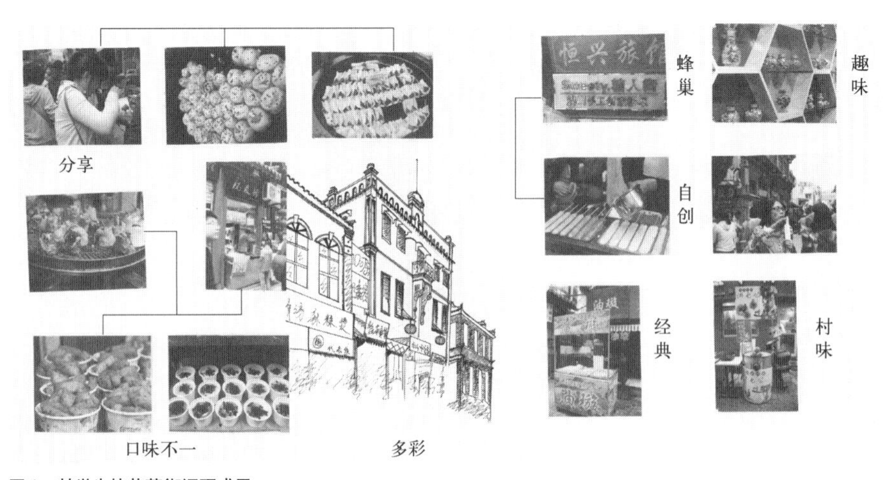

图 1　某学生的芙蓉街调研成果

图 2　某学生的别墅材料调研成果

3. 调研问题的解析

（1）思维层面——观察对象不深入

我校建筑学专业的学生来自高考统招的理科学生。高中阶段数、理、化等科目的思维训练更加强调结果的唯一性，高考的压力与磨炼使得学生的思维更加倾向于绝对理性的“标准答案”，这种思维惯性使得学生在观察事物的时候容易浮于表面、浅尝辄止。而建筑设计的学习强调“感性与理性”的并存——设计者通过设计语言表达对某个事物的观点及看法，这是没有标准答案的学科。因此在调研能力培养中应首先转换学生的思维方式，强调观察对象的明确性，强调观察角度的多样与观察的深入性，所谓“深入观察”就是针对此类情况而设置的。

（2）技术层面——表达方式单一

除了思维方式的惯性导致学生无法全面深入地观察调查对象之外，当今摄影技术的发展使得学生在调研表达时“理所当然”地选择拼贴照片的方式——这在获得效率的同时扼杀了学生进行更加生动准确的表达的可能，“准确表达”就是针对调研的表达阶段而设置的。

4. 调研方法的提出及内容

针对现状调研中存在的问题及对其的解析，教学组经过大量的文献调研，在学生试做的基础之上提出了基于“深入观察，准确表达”的建筑设计基础调研方法。马克思主义哲学的认识论中认为，认识的根本任务是“使得感性认识上升为理性认识，能够透过现象抓住事物的本质”，认识事物的方法是“在占有丰富的感性材料的基础上，运用科学的思维方法对材料进行思维加工”。根据认识论的要求，调研方法主要分为两个部分：首先是占有“感性材料”，即利用“书写关键词”的方法引导学生对调查对象进行全面深入的观察；其次是进行“思维加工”，即通过“控制表达的变量”的方法引导学生通过理性思维推动感性观察，对观察对象进行准确生动的表达。

（1）深入观察——书写关键词

关键词是指能够体现观察者感受或者表明调查对象特征的形容词或者名词。与关键词相对应的是修饰词，是指能够诠释关键词某个方面特征的形容词或者名词。学生在观察调查对象后，首先在纸上用大字书写关键词，然后利用小字在关键词的周围书写修饰词。这时学生就会发现，修饰词往往是对关键词的多个方面进行不同角度的描述。然后重复这个环节，从修饰词中再找一个词作为关键词，重新书写修饰词对其进行描述。通过这样的方法，学生最终能够确定相对具体明确的研究对象，而非沉溺于某种具体的感性体会。

以某组学生对济南曲水亭街的感受进行相关的记录为例，图 3 是以“传统”为关键词的表达，这是学生在首次调研后对感受的记录，之后利用修饰词对关键词进行描述，可以看到泉水、民居、手工等多个修饰词；图 4 选取“手工”为关键词，之后利用布鞋、价位等词语对手工进行修饰。二者相比较后，最终选取手工作为表达的对象。

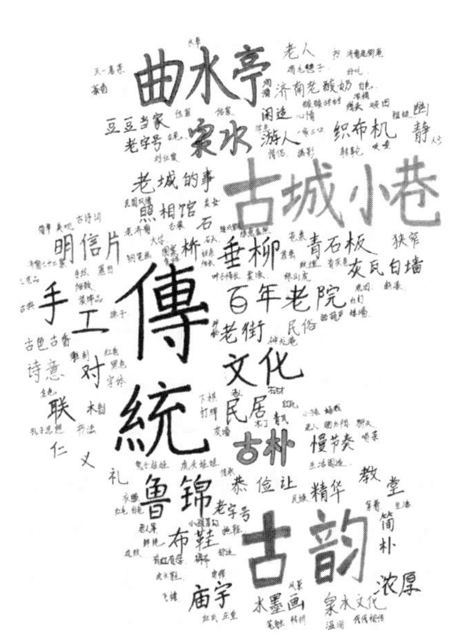

图 3　第一次以“传统”为关键词的书写

图 4　第二次以“手工”为关键词的书写

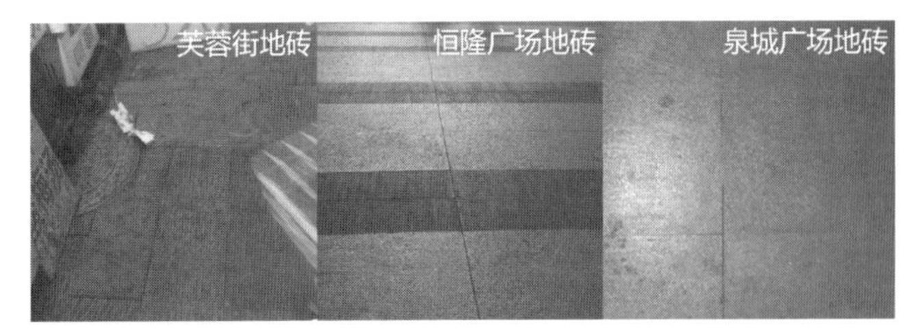

图 5　室外地砖的拍摄表达

图 6　室外地砖的肌理表达

（2）准确表达——控制表达变量

即便通过书写关键词的方法逐步缩小并且确定了观察对象，想要对其进行准确生动的表达还要进行"表达变量的控制"。控制变量的方法是自然科学实验中常用的方法，比如化学实验常常在"同温、同压"的条件下探求某种元素的量对实验结果的影响。在认知表达的过程中同样如此，调查对象在多个方面仍然具有不同的属性，准确的表达应为对事物某个方面特征的集中阐述。

例如某组学生试图对济南芙蓉街、恒隆广场及泉城广场的典型室外地砖进行调查。其初次的表达方式为用相机记录不同场所的地砖。照片的拍摄角度多种多样，从照片中可以看到地砖在色彩、肌理、大小等多个方面的差异（图 5）。

采用书写关键词与控制表达变量的调研方法，学生首先通过书写关键词与修饰词，确定地砖在大小、重量、肌理、种类、防滑程度、色彩等多个方面的差异；其次从修饰词中挑选一个角度，比如肌理方面，进行相关的比对；最后，学生利用相同大小的半透明纸张借助铅笔进行取样，以实现对表达变量的控制。这样的成果摒弃了地砖在色彩、重量等方面的信息，仅从肌理这一个角度进行表达，成果富有准确性与趣味性（图 6）。

三、教学组织及成果

1. 教学组织

城市认知训练作为建筑设计基础中对调研能力的训练环节，被设置为上学期的第一个练习。练习试图训练学生对城市中某个事物或者现象的观察与表达能力。调查对象的选择范围较广，在具体的地段内不局限于建筑本身。要求学生以小组为单位通过走访、拍照、绘图等方式进行记录与表现。

课程历时 3 周时间，3 ~ 4 名同学为一组进行现场调研，通过方法传授以及课堂引导，经过 3 次关键词的书写以及控制变量的表达，学生逐步明确观察对象，探索相关的表达方式。最终以课堂汇报的形式结束课程（图 7）。

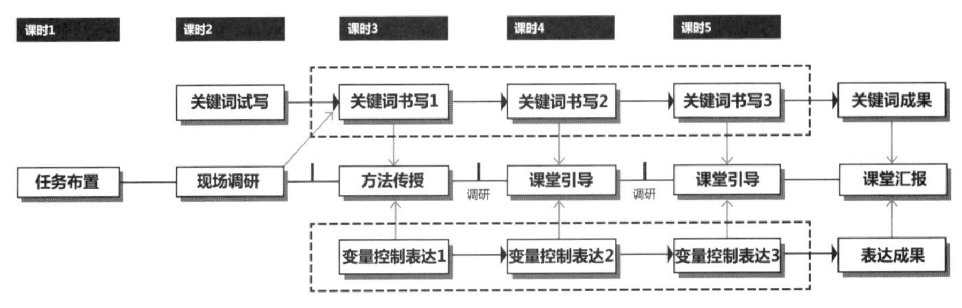

图 7　教学组织示意

2. 教学成果

在笔者教授的班级之中，8 个调研小组中有 4 个小组至少经过了一次关键词的深化，并且通过控制相关的表达变量对调研对象进行了较为准确的表达与描述（表 3）。

部分小组关键词与变量控制表　　表 3

	最终研究对象	关键词深化	被控制的表达变量
组 1	芙蓉街街边美食	芙蓉街印象—街边美食的感受	食品的种类、口感、味道、制作时间
组 2	曲水亭街手工制作	旧时光—传统生活—手工制作	手工制作的种类、价格、色彩、耗时
组 3	恒隆广场地下停车	高大上的恒隆广场—地下停车场	车辆排量、品牌、车型
组 4	泉城广场灯光	泉城广场—广场灯光	灯光色彩、种类、分布

以芙蓉街街边美食的调研为例，调研小组在确定调查对象之后，从食品的种类、口感、味道、制作时间等多个角度对美食进行重新的诠释。当对食材种类进行表现时，学生采用手绘的方式直接表现食材外观，相比于一般拍摄照片的表达方式，这种方式可以摒弃大量影响判断的多余信息，使表达更加直观、有效（图 8）。同理，通过时间轴线的方式可以有效地表现不同食材的烹饪时间（图 9）；通过对味道的量化可以有效地表现不同食材的不同口味（图 10）。

图 8　对食材种类的表达

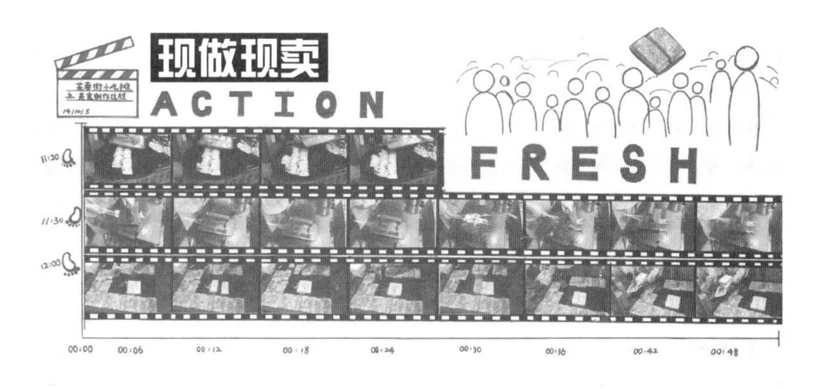

图 9　对食品制作时间的量化表达

图 10　对味道的量化表达

四、结语

在城市认知训练中，通过“关键词书写与表达变量控制”的调研方法，使学生了解了设计调研中观察与表达的一般要求，增强了对设计的兴趣，一定程度上改变了认知事物的思维方式。随着教学方法的不断完善，我们相信这套方法能够有效地引导学生进行观察与表达，为其今后在课程中解决设计问题夯实基础。

注释：

[1] 教研组参考 2014 年建筑学专业指导委员会优秀教案与作业评选中的部分教案绘制。

图片来源：

图 1 ~图 6：山东建筑大学设计基础课程中的学生提供。
图 7：作者自绘。
图 8 ~图 10：山东建筑大学设计基础课程中的学生提供。

作者：侯世荣，山东建筑大学建筑城规学院　讲师；赵斌，山东建筑大学建筑城规学院　副教授；张雅丽，山东建筑大学建筑城规学院　助教

建筑设计数字化表现

——瓶颈还是机遇？

尹瑾珩　胡赟

Architectural Digital Visualization: A Bottleneck or An Opportunity?

■摘要：随着计算机技术的进步，国内的建筑设计数字化表现行业，已经走过了将近 20 个年头。紧跟着国内建筑行业的发展和变迁，建筑设计数字化表现行业也从早期的快速发展，直至今日逐渐呈现出了一些问题。作为传统建筑表现的一种数字化延续，它对传统方法有继承，也随着对软件的使用而蕴含着创新。这种数字化表现渗透在建筑设计的方方面面。本文从近年来建筑表现行业遇到的困难出发，剖析了其内在与外在的原因，并结合互联网的传播特征，以期从二者相结合的角度分析并调整行业现状，从建筑教育的层面着手实现行业的可持续良性发展。
■关键词：数字化表现　互联网　建筑设计　建筑学教育
Abstract: With advances in computer technology, the domestic visualization industry of architectural design has gone through nearly two decades. Followed by the domestic construction industry's development, the visualization industry has been through the period of rapid growth in the early years, until showing some severe problems at present. As a digital continuation of traditional architectural representation, it has inherited, along with the use of the software, but also contains innovations. This kind of representation permeates all aspects of architectural design. In this paper, quoting the difficulties encountered by the visualization industry in recent years, considering the connecting properties of internet, the author analyzed its internal and external factors, and propose constructive solutions in order to adjust the status of the industry from a deeper perspective to achieve sustainable healthy development of the industry by architecture education in university.
Key words: Digital Visualization; Internet; Architectural Design; Architecture Education

1.建筑设计数字化表现的发展历史及目前形态

广义上，建筑学范畴的表现包含了所有设计思想与人对接的可视化途径：表达类别上，有各种图纸、照片、影像资料和实体模型等；表现手法上，有素描、水彩、水粉以及马克笔等。随着计算机硬件与图像处理软件的诞生，由于其印前处理的特点[1]及在表现方式上的特殊性，给了建筑师将建筑表现与数字化体系融合的机会。这种融合的历史几乎可以追溯到20世纪80年代，即视窗及麦金托什的图形化操作系统出现的那个时间点上。狭义上，建筑数字化表现区别于传统美术表达的一个重要特点——拓展了建筑师对表达的定义范围，使得设计思想能以相较于传统美术更丰富的表达方式进行呈现。而且，不同于CAAD[2]，数字化表现更多地是将建筑师的审美各异性融入到设计的方方面面。无论黑白或是彩色，不论写实或写意，不同的建筑表现作品中蕴含着建筑师对方案的理解，流淌着设计者对方案的情怀（图1）。

由于计算机革命为建筑行业带来的生产工具上的进化，建筑的数字化表现也基于多样化的设计阶段有着多样化的存在方式。在方案设计阶段，有分析图和各种平、立、剖面图的表现；在与甲方沟通的阶段，有汇报排版、文本制作甚至多媒体演示；在大众展示的部分，有创意理念、设计思路的可视化以及数据的图形化分析等等。不同的表现类型，对应着不同的软件和使用方式，现实工作中，出于对成本的考虑以及软件上的使用难度，上述几种表现门类大多由设计公司内部人员负责，但有一种方式由于其表现上的综合性以及对软件熟练程度的要求，往往都交由专门的公司制作，因此，它也逐渐演化成了现阶段建筑数字化表现的集中体现方式与代表形态。在我国，这种形态被通俗地称为效果图[3]。正是这样，在效果图这个分支行业上体现出的特点及其演化过程中出现的问题，可以在一定程度上对建筑表现，尤其是建筑数字化表现这20年来的发展特点，进行有代表性的呈现（图2）。

国内的效果图公司[4]于20世纪90年代中后期开始，如雨后春笋一般，开始了对建筑设计数字化表达这个行业进行探索。由于此前的建筑表现多以手绘等传统方式呈现，因此数字化建筑表现由于其形式上的创新，以及基于计算机渲染技术而带来的材质以及透视关系上的客观性，在较短的时间里便被建筑设计行业接受并作为甲、乙方沟通时的重要表现媒介。迄今，虽然出现了不少计算机辅助设计软件，其中很多也包含丰富的表现形式[5]，但由于对物理光环境的算法及计算机硬件条件上的限制，建筑效果图的表现仍以三维模型制作软件[6]配合渲染引擎[7]的工作环境为主（图3）。

图1　建筑专业水彩表现

图2　典型的建筑效果图表现作品

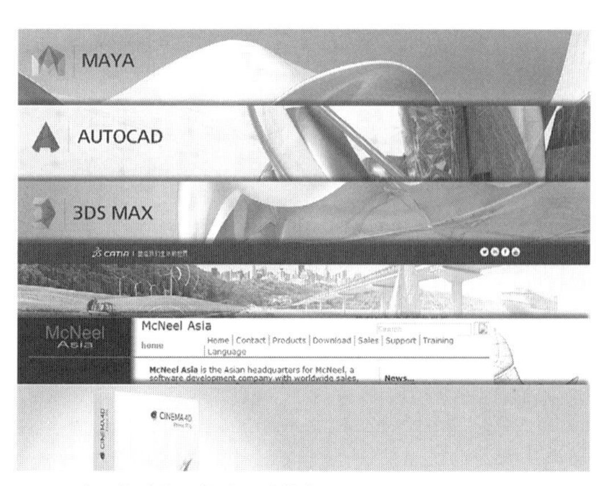

图3　常见的计算机辅助设计软件

作为效果图公司，其承担的工作大多是将建筑师的设计作品以数字化的方式进行呈现，涉及方案的细节信息大部分由建筑师来确定，如材质、角度、视角等等。从甲、乙方工作方式的角度上看，效果图公司更像是建筑师一双数字化的“手”，故乙方涉及的设计型环节并不多，更多的是软件上的应用和参数上的经验型调节。工种上的安排既赋予了效果图公司“短、平、快”的工作模式，也给效果图公司带来了根源上的潜在问题。

2.建筑效果图公司的运作方式及潜在问题

在国内，对于建筑效果图这一新兴行业，快速的发展及壮大所带来的负面效应，往往比短期的正面利益来得更持久、更有破坏力。国内效果图行业于20世纪90年代中期起步，由于计算机在当时还属于新鲜事物，能对其熟练应用并辅助建筑设计的公司就少之又少。随着市场需求的不断提升和效果图行业的不断壮大，快速培训新生力量以便满足行业对人才在数量上的需要，是保持行业发展的当务之急。然而人才需求又导致了培训受众的选拔门槛不高，培训机构应运而生：在3～12个月的短期培训后，向行业前线输送应用型人才。这样带来的潜在后果便是快餐型人才的知识积淀不足，但早期火爆的市场又不断地督促着该行业在这种循环体系下越滚越大。而另一方面，效果图行业的技术高度并非高不可攀，作为以软件应用为主的工作模式，这其中包含的创造性因素在对产品的快速需求中被逐渐忽略。

从工作模式上来看，效果图涉及的工作环节和步骤不及建筑设计复杂和缜密——2～3人的熟练团队[8]便可以应付绝大部分单个项目的制作[9]，这也使得开设独立效果图公司的人力成本大幅度降低。综合以上几点因素，在近20年的发展之后，该行业现状呈现出小公司众多及公司之间无明显技术差别这两个主要特点，带来的问题便是互相之间低价竞争：在低报价与低成本之间循环。再考虑到从业人员的普遍学历和阅历等因素，效果图行业在较长的时间里，一直处于建筑领域话语权较弱的境况。

从当前的时代背景来看，内容的传播方式已经从效果图诞生之初的纸媒，逐渐向互联网进行过渡并转化。而且，基于建筑表现行业以计算机硬件为从基础的原因，它与互联网的结合愈发的自然与紧密：它通过互联网推广了自身，更透过互联网与其他从业者进行着无形的比较，这种迭代上的加速在推进技术进步的同时，也加速了技术的趋同，为建筑表现行业带来了一定的“双刃剑”的效果。

上述从从业人员角度来看，皆为行业的负面效应。但从软件开发的角度上看，新的软件以及由上、下游领域延续到建筑数字化的表现方式，也变得越来越丰富；对于建筑设计，效果图在方案未建成之时，是对建成效果的有利表现和沟通上的重要媒介，作为建筑表现的一种进化方向，建筑师对它的需求亦会越来越专业、越来越成熟。综上两点因素，建筑的数字化表现会因为效果图的开端，而向着更加丰富、更加多元化的方向前进，这种需求是不会回头的。

3.建筑设计行业的未来发展方向及其对建筑表现需求的可能性探究

对于建筑数字化表现的甲方，即建筑设计行业而言，建筑设计市场也在最近的20年内，经历着从允许民营企业独立承揽建筑设计业务，到广泛的开展中外合作，以及未来可能出现的外资企业独立在大陆开展建筑设计业务[10]，中国这一建筑设计市场吸引的关注度越来越大，随之产生的设计行业竞争也愈发激烈。本土的设计公司面临的不再单单是“走出去”的难题，国际市场的竞争就在眼前。

从建设投资方的角度出发，为了获得更大范围的方案选择权，并透明、公开地进行设计评价，投标相较于委托，更能实现投资方对方案质量的期待。对于设计公司，投标是不同公司之间技术上的全方位竞赛，这种工作模式促使其在每一个受重视的投标任务中，需要充分发挥设计实力。在这种全方位的设计展示之中，建筑表现的作用便尤为突出：整体方案上，每一个环节清晰、优美的表达都会为设计留给评委以及建设投资方的印象加分；在方案展示的角度上，进行公开投标的项目往往会被要求公示，不同于汇报等阶段型成果，公示时方案的全部特点会在几张，甚至仅一张图中得到集中体现，这时建筑表现的重要性更是不言而喻（图4）。

计算机的出现和图像处理软件的使用，相较于手绘图纸时代提高了便捷性和准确性，为建筑师提供了在方案表现上更多样化的选择。愈发强烈的设计市场竞争，延续到实际工作中，便是对每个设计环节的更高要求，在表达上的正确性已经成为方案的必备要素时，表现上的达意与创新性便从幕后走到了台前。而由于国内建筑学院校表现类课程与实际应用方式上的断档[11]，促使当前的建筑学在校生以及毕业生在数字化表现上的应用与学习方式多以自学为主，质量的随机性和体系的局限性较大（图5，图6）。

软件的发展已经是数字化革命以来不可否认的事实[12]，现有的软件不是起点，随着软件技术上的推陈出新，对于建筑学的数字化表达也远未到终点。抓住时代的脉络，系统化、前瞻性地开展建筑表现类课程，并与现有建筑设计的知识体系相融合，才是对这种发展趋势的积极回应。

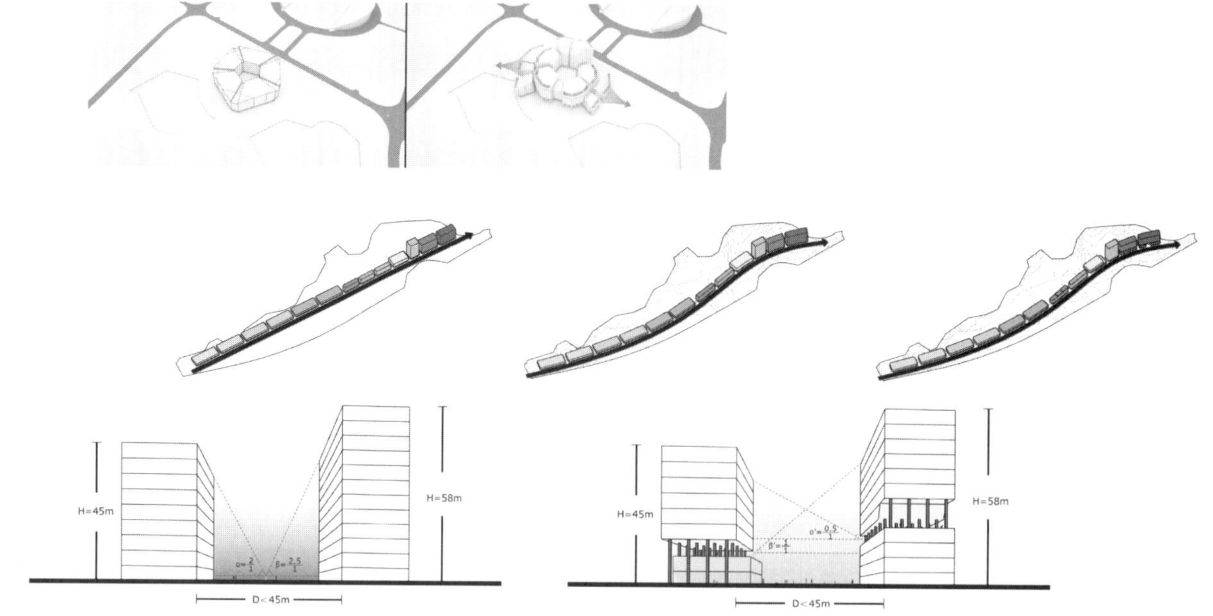

图 4　不同表现方式的建筑设计分析图

图 5　建筑设计的典型剖面表现

图 6　建筑方案文本的典型封面设计

4.提升建筑表现领域话语权的方式与方法

效果图只是建筑数字化表现的一个分支，它也远不能涵盖数字化表现的全部，但它今天所暴露的问题，势必会在建筑学的明天得到体现。因此，现有的“短、平、快”培训体系恐怕不能从根本上解决建筑数字化表现领域在当下面临的一系列问题。作为建筑学教育的重要阵地，高等院校的建筑学教育体系是对该行业培训短板的有力补充：全面的课程，系统的教学，充裕的时间，均会为建筑表现能力的培养带来扎实的学术基础。进一步来看，对于任何表现方式而言，表面现象都是图面问题，技法是其主因，但它却又是次要的，其背后的创造力才是根本。问题的解决方式，更多应有赖于对创造力的挖掘和培养，创造力更多地有赖于视野的拓展和开发。如能在视野上对当前时代进行广泛的拓展，将创造力建立在宽领域的认知之上，作为与时代科技进步紧密结合的产物，建筑表现上遇到的各种问题，将得到更本质的解决办法。

5.开设建筑互联网信息课程的可能性与涵盖范围

5.1　高等院校开设建筑互联网课程的原因

综上所述，无论从效果图这一数字化表现行业代表的现实问题和内部需求上，还是从建筑设计行业在竞争的激烈程度以及在各细分环节的创新度要求上，都对建筑表现提出了问题和挑战。

在高校建筑课程中，从设计阶段的场地调研、数据分析可视化，到最终成果的展示，每一个环节都有数字化表现的用武之地，针对不同的输入条件与表现目的，各个环节的创意性与方法亦千差万别。在各类设计竞赛及作品集制作当中，建筑表现的作用更加不言而喻。与传统建筑表现专业不同的是，在当前时代，计算机软件应用的加入以及互联网所带来的大数据统计与分析，将建筑设计数字化表现的触角带入到了设计思想的方方面面。

通过互联网所带来的传播，由传播所带来的认知面扩展，为新时代基于新技法的创造力提供了新的平台契机。从传播的表象上来看，更多的软件以及表现成果通过互联网这个平台，极大程度地扩展了其原有的覆盖范围，它所带来更大数量的用户群加速了软件的迭代和版本的更新，这些更新与变化产生的成果形成了创造的前置条件。不仅如此，互联网更催生了一批新软件的开发与应用，在这种“传播—用户—创新—更新—再传播”的循环之下，建筑表现的技法和形式得到了一次又一次的提升。正因如此，目前从建筑表现上暴露的问题，更多地指向了其时代背景下的深层含义，这种问题亦更需要在时代的层面上、在本质上予以解决。

5.2 高等院校开设建筑互联网课程的涵盖范畴

作为互联网时代背景下的分支，高校开设的建筑互联网课程，应当从局限性的技法教学之中脱离并升华出来，融入与计算机技术和互联网相关的新内容，拓展覆盖面，扩充视野。在二者相结合的模式之下，它的课程体系应涵盖且不限于以下分支。

（1）传统表现技法、表现类软件的应用及对应的软件编码课程

传统表现与数字化表现，这二者对于本专业同等重要，作为对传统建筑学表现的进化和发展，在了解传统建筑表现技法的基础上，不仅可以有助于学生们产生多样化的表现思路，更能为数字化表现的课程打好技巧基础。对数字化表现而言，当下的技术大致可分为两类：通过新技术对原有表现技法的模拟[13]，以及基于软件技术的新表现方式[14]。熟练的传统表现技法可以为二者及未来可能产生的新表现方式奠定基础。

对图像处理与其他可视化软件的使用应作为此专业的基础课程，而对其插件的开发方式教学则能在更深的程度上扩展对数字化表现的理解，并开发新的应用方式，真正实现专业上的可持续发展。同时，基于对软件编码的教学，更能与其他专业互联互通，开展广泛的专业理论交流，保持专业技术上的持续制高点（图 7，图 8）。

（2）平面设计原理及相关设计类课程

数字化这一表现方式大幅度地扩展了对建筑的表现方式与范畴，使建筑不仅能在不同的维度上得到充分的表达，更能使得建筑作品在不同的阶段中都得到有效的可视化体现。而作为三维表现和剖视图等传统表达方式的有效补充，分析图及封面设计等新的图纸类型也在更广泛地为各种设计过程所使用，因此，对平面设计类课程的教学，不仅能弥补现阶段建筑设计课程对此方面内容的不足，更能基于学术研究这一特征，在未来开发及拓展新的表现类型。

（3）可视化表达与逻辑分析

将感性的表现与理性的设计过程相结合，是建筑学表现的重要特点。作为理性思考的

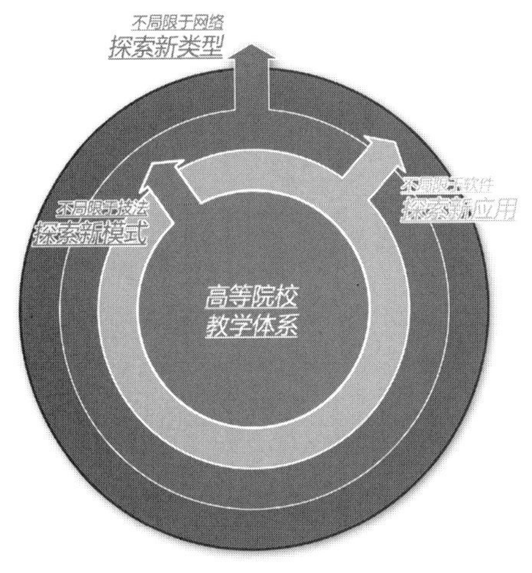

图 7 建筑设计数字化表现专业的目的与作用

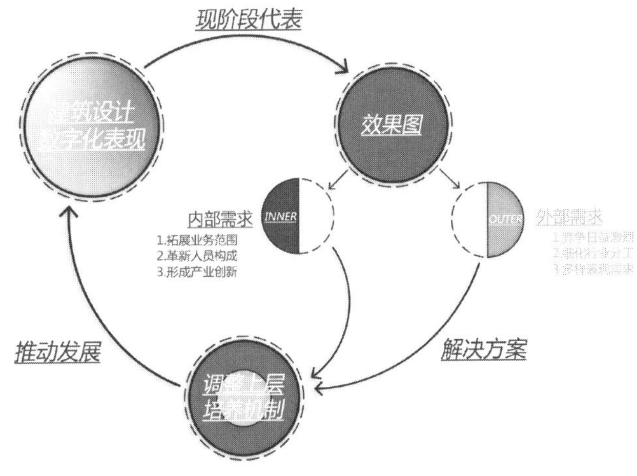

图 8 建筑设计数字化表现的需求与革新

基本形态，逻辑学可谓是其最直接的代表。好的表现作品，无论其处于建筑设计的哪个阶段，无论采用何种表现方式，相比于富有美感的图面效果，其更为深层的意念，是对其所表现内容在逻辑关系上的清晰体现。在逻辑关系上清晰的认识，不仅能使此专业培养的人才对当下的表现类型产生更为深刻的体会，更能使得未来在面临不同表现上的需求时，迅速地发现其内在逻辑联系，并采用适合的方式进行可视化输出，不拘泥于现有表现方式，实现表现思维上的自由。

（4）建筑互联网相关应用分析

无论是面对当前的国家政策方向，还是从建筑专业上的内部需求，我们身处的时代不仅在影响着我们，也推动着行业的整体发展。互联网与建筑相结合的过程已有十数年，从开始的粗放式探索，到现如今的精细化分类，建筑互联网的相关内容不会终止，更会继续向前发展。对建筑互联网的应用进行归纳整理并系统性地进行介绍，不仅是对经验的总结，更是对建筑学专业内容的有力扩展；作为课程核心的同时，亦能搭建与其他潜在课程的桥梁，拓展高校建筑教育的丰富度。

6.结论

生产工具的革新促进了生产力的进步，时代的技术进步给予了各行各业新的创造力输出方向。作为建筑专业的重要视觉沟通方式，建筑表现能最直接地建立起不同受众对建筑的认识和认知桥梁，同样，它呈现出的问题亦会被最直观地暴露。就事论事的解决办法不能从本质上为建筑表现带来新生，单纯的教程和技法的传授也只是将“过时”的内容再复述，作为建筑学教育的基础核心，在当前时代背景下，高校如何开展并补充建筑教育上的缺口，不仅是对建筑学专业的提升，更是对学生创造力、对建筑学未来的重要责任。从技法上发现，到技术的大背景之中，在根源上拓展创造力思维，实现建筑表现的持久创新，是高校建筑教育的目标，也是本质。

注释：

[1] 印前处理是指由于电脑图像处理软件技术的进步，带来的技术上的特点，即可以在印刷前对文件信息进行调整并通过显示设备进行校对，以便保证打印质量。

[2] 计算机辅助设计，英文全称为 Computer Aided Architecture Design。

[3] 效果图这种技术分支在全球范围内有多种名称，在英文中较为普遍的描述方式有 architectural visualization 等，中文里为了与建筑动画渲染的连续帧渲染形式加以区分，从软件技术的角度上，常以“静帧表现”来代表此项数字化表现分支，或对其英文用法进行直译，为“建筑可视化表现”等。

[4] 国内的效果图公司以正式成立于 1995 年的水晶石为典型代表，其他的代表性公司包括：于 2000 年 3 月成立的丝路视觉股份有限公司；于 2002 年成立的凡拓数码科技有限公司；于 2001 年成立的力方国际数字科技集团等。

[5] 如 SketchUp、ZBrush、Revit、Lumion 等。

[6] 如 3ds Max、Maya、Rhinoceros 等。

[7] 如 V-ray、Maxwell、Mental Ray、Unreal Engine 等。

[8] 从效果图公司的工序安排上来看，一个小组一般由 1 人负责建模，1～2 人负责渲染和后期处理。

[9] 就国内的情况来看，尚无针对效果图公司的官方统计报告，而根据 cgarchitect.com 的行业调查报告及笔者的实地走访调研，大部分的效果图公司体量都在 10～20 人之间。

[10] 政策原文来自中国（上海）自由贸易试验区，行政政策中专业服务领域第十三条“工程设计”（国民经济行业分类：M 科学研究与技术服务企业——7482 工程勘察设计），及第十四条“建筑服务”（国民经济行业分类：E 建筑类——47 房屋建筑业）中的相关描述。

[11] 教学需要完整的课程体系，而从图面效果角度出发需要尽可能与当下最新的表现方式接轨，二者往往存在较大的时间差。

[12] 参考自 cgarchitect.com 中针对 2006～2009 年的效果图行业调查报告对传统美术行业于数字化表达的同比分析。

[13] 如对手写板的应用等。

[14] 如硬件渲染及虚拟现实等。

参考文献：

[1] 曾昭奋．《水晶石建筑表现》读后 [J]．世界建筑，2000(01)．

[2] 曹汛．建筑表现 [J]．华中建筑，2003 (06)．

[3] 陈学文，邱景亮，张文敏．建筑色彩的视觉量化分析 [J]．天津大学学报（社会科学版）．2003 (03)．

[4] 章胜强．电脑时代的建筑美术教学刍议 [J]．新建筑，1999 (02)。

[5] 李宁，潘云鹤．计算机建筑画的现状与发展 [J]．计算机辅助设计与图形学学报，1999 (07)．

[6] 曲志华，李晶．计算机建筑素描的表现方法 [J]．高等建筑教育，2013 (06)：22．

[7] 孙跃杰，何杰．建筑表现技巧类课程教学今析与改革 [J]．中外建筑，2011 (06)．

[8] 王韶宁．建筑画地位的变化 [J]．建筑师，2009 (08)．

[9] 董丹申，李宁．在工程与艺术之间——计算机建筑画综述 [J]．新建筑，2002 (04)．

图片来源：

图 1～图 4：作者自绘。

图 5、图 6：天津大学建筑学院 AA 创研工作室。

图 7、图 8：作者自绘。

作者：尹瑾珩，天津大学建筑学院　博士研究生；胡嫈，天津大学建筑学院　博士研究生

基于思维导图的研究生讨论课堂教学设计与实践

周燕　王江萍

An Innovative Practice of Postgraduate Teaching Method based on Mind Mapping in the Class Seminar

■摘要：讨论课堂已经广泛运用于研究生的教学过程中。由于风景园林学科特点，学生在本科阶段注重培养空间设计能力，阅读方法与理论积累不够。传统的讨论课堂由于学生阅读文献少，知识储备不够，往往会产生讨论课上老师“唱独角戏”的尴尬场面，学生的参与积极性会减弱，达不到讨论课应该有的效果。思维导图是一种帮助学生思考并组织知识的思维表达工具。本文阐述了为讨论课堂设计的“阅读获取、思维导图、分享交流、提问讨论”教学过程，分析了教学过程中遇到的具体问题以及解决的方案，以期为培养独立创新思考能力和批判性思维能力为目标的研究生教学提供参考。

■关键词：研究生教学　讨论课堂　思维导图　独立思考　批判性思维

Abstract: Mind mapping is a method which contributes to the formation of knowledge framework. In this paper we mostly illustrate a teaching process designed for class arrangement, which contains four parts: the knowledge acquisition from reading, the formation of a mind map, sharing thoughts and views and discussing and questioning. This process is expected to benefit the abilities of independent thinking and innovation of postgraduate students, and provide a convincing reference for the teaching of critical thinking.

Key words: Postgraduate Teaching; Class Seminar; Mind Mapping; Independent Thought; Critical Thinking

1　前言

本科学生期间，学生已经完成“是什么”的认知学习，进入到研究生阶段的探索研究“为什么”的学习阶段。研究生教学重点在于培养研究思考的习惯与方法，教学不能停留在单纯知识的传授，更应该注重培养学生创新思考和创造知识的能力。课堂讨论是引发积极思考的很好的教学形式。师生围绕特定话题展开讨论，能够培养学生创新思考的能力。传统的讨论课堂由于学生阅读文献少，知识储备不够，往往会产生讨论课上老师“唱独角戏”的尴尬场面，学生的参与积极性会减弱，达不到讨论课应该有的效果。思维导图（Mind Mapping）是英国著名心理学家Tony Buzan于20世纪60年代发明的一种放射状的辐射性的思维表达方式，是一种运用图文并重的技巧，将放射性思考（Radiant Thinking）具体化的方法。

2 研究综述

讨论课在西方称为习明纳（seminar），是指“在教授的指导下，大学或研究生院中优秀的学生组成研究讨论小组，定期集中，师生共同探讨原创性或集中性的研究成果，进行教学与研究相结合的教学活动”。

目前在我国的研究生教育中，关于讨论课程的研究与实践起步较晚，在理论上以探讨传统文化对合作精神的培养为主，在实践上以外语教学的合作学习为主，而合作学习在外语教学中仅培养和锻炼了学生的交流能力，并没有体现出合作学习的本质创新。

尽管一个导师的课题组内有各种各样的专题研讨会，但讨论课在获取最新研究信息、聆听不同学术观点、培育团队合作精神、鼓励学科交叉等方面所起的作用，是一个课题组内部的研讨会无法取代的。

研究生讨论课存在师生平等意识不强、课前准备不充分、讨论过程偏离目标、讨论后反思不够等问题。对讨论课进行精心设计，加强讨论过程的引导和控制，注重课后的评价反馈与改进，加强讨论文化建设，是提高研究生讨论课质量的有效策略。

3 课程设计与研究方法

为了解决上述问题，教学课题组尝试引入思维导图作为工具，在2014级风景园林硕士研究生“景观生态规划原理与方法”讨论课堂上展开实践。通过指导学生运用有效的方法阅读获取知识，绘制思维导图，在课堂上分享交流，引发集体提问讨论，从而保证讨论课堂达到培养研究生研究方法和思维能力的效果。

3.1 课程设计与教学过程

整个教学的过程分为四个环节：阅读获取、思维导图、分享交流、提问讨论。

第一环节是阅读文献获取讨论话题。根据课程内容安排，选取论文，让学生阅读，时间为一个星期。

第二个环节是绘制思维导图。在已经熟读文献的基础上绘制思维导图。将思维导图引入教学实践是非常有效的教学尝试。在阅读获取阶段，思维导图能够帮助学生展开非线性的思考模式，加深学生对文献的理解。阅读完成后，学生运用思维导图整理阅读笔记，梳理、筛选、整理、储存信息。用线条把关联的概念、方法、成果连接起来。绘制思维导图的过程有助于学生组织思路，弄清各观点之间的联系。有助于培养学生思考问题的习惯，也有利于新旧知识之间建立联系。思维导图完整的逻辑架构有助于学生系统地把握知识之间的关联，建立属于自己的知识结构树。学生通过关联的树状结构来呈现文献作者的创作思维过程，图形与流程让结构变得清晰，即使没有读过该文献的学生也能通过思维导图理解，为下一环节的分享交流提供了基础。

第三个环节是阅读分享，将学生绘制好的思维导图投影在白板上，学生根据自己绘制的思维导图，在课堂上与大家分享文献的结构、内容、方法、启示。交流过程是非常重要的环节。这个过程主要考查学生是否真正理解文献并能够重组信息，让知识成为自己内在知识结构的一部分，同时锻炼学生的演讲表达能力。没有原始文献，学生根据自己绘制的思维导图能够还原大部分信息。

第四个环节是提问讨论，同学们对分享交流的论文提出自己的疑问，针对问题同学们集体开放式地回答或者讨论，时间为5～20min。

3.2 课堂问题与解决方案

3.2.1 阅读难题

刚刚进入硕士阶段学习的学生在阅读文献时积极性不高，原因在于阅读方法掌握得不够好，阅读一篇文献需要花费较长的时间。阅读获得的知识信息是闪点状态，容易遗忘。给学生的感觉是：这是吃力不讨好的苦差。针对这些问题，教学课题组提出以下解决办法：

1）训练阅读方法。首先开一个专题课堂，专门讲解阅读方法；紧接着要求学生根据阅读方法开展阅读实践，现学现用。课堂上学生会用 40min 阅读文献。阅读过程中，着重训练归纳推理能力。把正在阅读的这篇文献和以前已经学过的知识联系起来。在课堂上阅读文献，看似浪费时间，实际从长远的培养角度来看，是一件效率非常高的实践活动。课堂阅读过程中，可以观察到学生阅读过程中遇到的困难，及时帮助解决，能够高效促进所授方法的运用掌握。通过 1 ～ 2 次课堂阅读训练，发现学生基本能够运用检视阅读筛选文献，运用主题阅读进行深入对比学习；阅读过程中基本能够抓住关键词阐述文章来龙去脉。一旦学生掌握了阅读方法，学生就会对阅读文献产生浓厚的兴趣，为整个研究生阶段的学习奠定良好的基础，是件非常有益基础培养工作。

2）探索研究方向。研究生学习初期，鼓励学生广泛阅读，积累到一定量之后，请学生结合自己已有知识，根据自己的研究兴趣，挑选某一研究方向的高品质文献进行多篇精读，也就是所谓的主题阅读。在主题阅读过程中，学生往往收获很大，慢慢自主探索出自己的研究万向。

3）建立知识结构。对研究生而言，创新就是创造新知识，只有融会贯通，建立起自己的知识结构，才有创造新知识的可能。就像一棵树，只有根系结构粗壮，才能生长出新的枝叶。学生反映，阅读获得的新知识容易遗忘的原因，也是由于没有运用这些新知识与已经获得知识一起搭建形成知识结构体系。所以在教学过程中，老师鼓励学生运用关联法将知识分门别类地整理入库，建立属于自己的知识结构树。

3.2.2 分享交流

实践过程表明，关键词提炼得较好、思维导图绘制得清晰的同学，在讲述的过程中也能够运用自己的语言精练地讲述文献的观点，甚至关键细节。通过交流环节，学生表示：在这个环节中收获很大，自己分享过的文献通过亲身讲述已经融入到自己的知识结构中，记忆深刻；在倾听其他同学的文献分享过程中，也扩大了自己的知识面；这种抱团学习交流的效果非常好。

3.2.3 如何提问是个难题

提问环节是讨论课堂的核心环节，创新思考、批判思维等能力都在这个环节得到很好

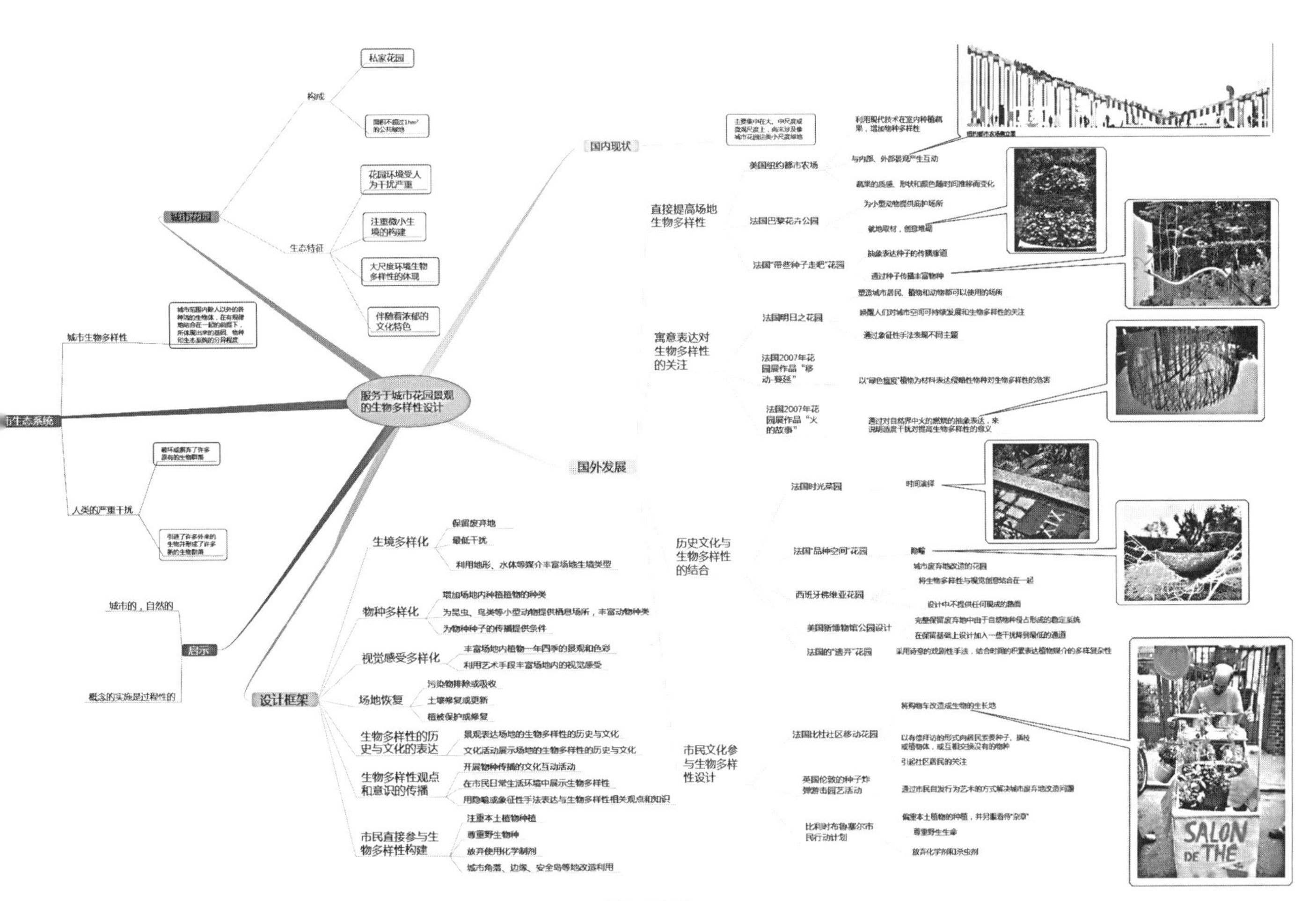

图 1 根据文献《服务于城市花园景观的生物多样性设计》绘制的思维导图，黄艳鹏绘制

的锻炼。教学实践初期，在提问环节遇到了困难，学生习惯于知识的吸收，但是不习惯知识的输出与沟通，学生表示没有问题或者很少愿意提问。

针对这种现象，教研室根据《哈佛大学教育学院思维训练课》一书中提出的4C（联系—质疑—观点—变化）法，引导学生从以下方面进行提问："文献和你的所知有哪些联系？你认为文献中哪些观点、方法或假说存在问题？文献有哪些发人深思的重要观点？通过文献分析，你的思想会有什么改变？"4C法作为文献分析的一种方法，它要求学生从联系的角度出发，不断提出质疑，寻找核心概念，最终学会灵活运用。有了明确的提问方式引导之后，学生逐渐开始主动提问，最后可以踊跃提问。提出问题后，全班同学共同思考，并从不同的角度思考回答这个问题。学生的思维变得更加活跃，甚至会有创造性的观点激发。

4 结果与讨论

班级有15名学生，经过3次训练，学生直接或间接地阅读了45篇文献。在阅读和分享过程中，学生掌握了前沿动态，充实了理论研究素养。通过"阅读获取、思维导图—分享交流—提问讨论"的教学过程，锻炼了学生主动思考的能力。经过课堂训练，学生基本掌握运用思维导图辅助阅读文献和联系质疑的方法和技巧。学生从"不想读，不会读"向"喜欢读，乐于分享"的转变过程，蕴含了不同能力的提高过程（图1～图5）。

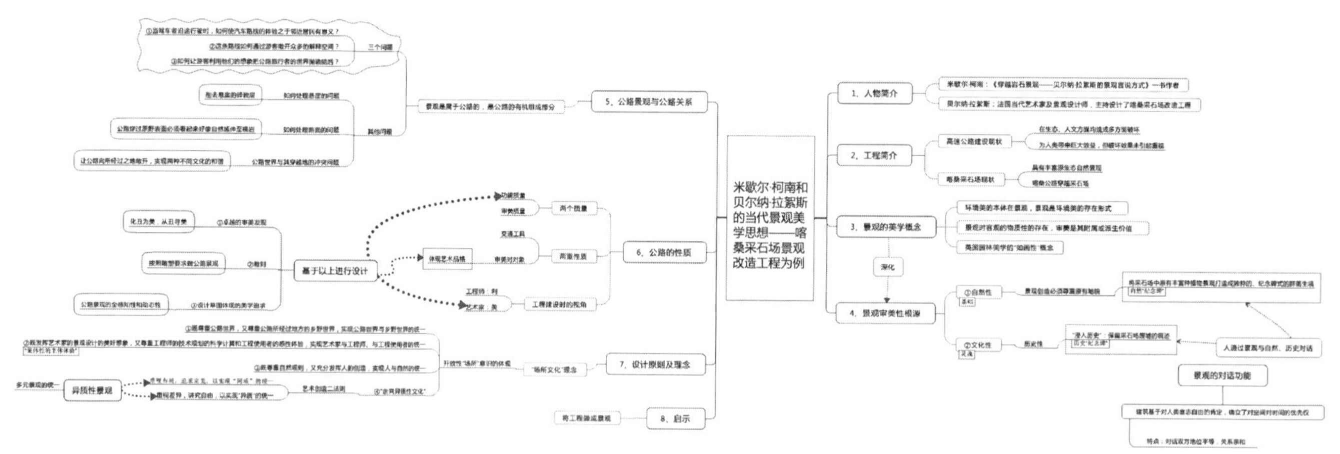

图2 根据文献《将工程做成景观——米歇尔·柯南和贝尔纳·拉絮斯的当代景观美学》绘制的思维导图，王菁菁绘制

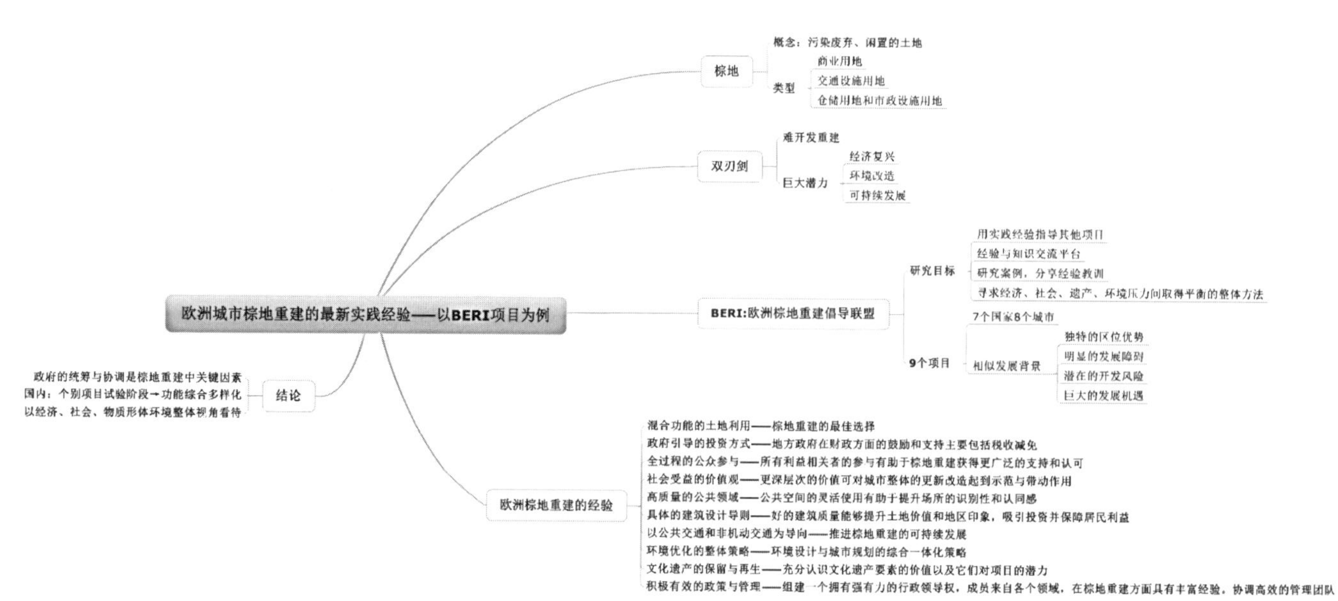

图3 根据文献《欧洲城市棕地重建的最新实践经验》绘制的思维导图，曾彦嘉绘制

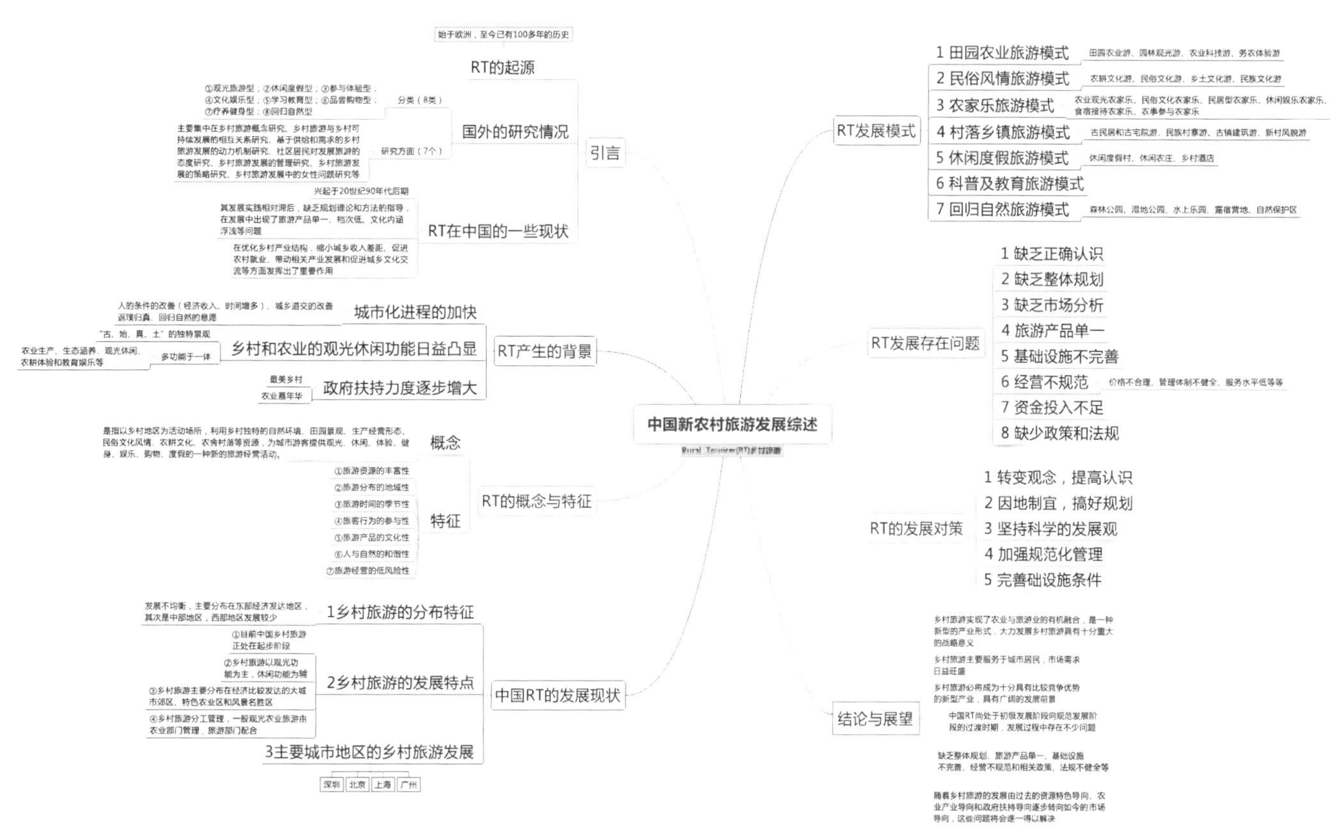

图 4　根据文献《中国新农村旅游发展综述》绘制的思维导图，陈绍鹏绘制

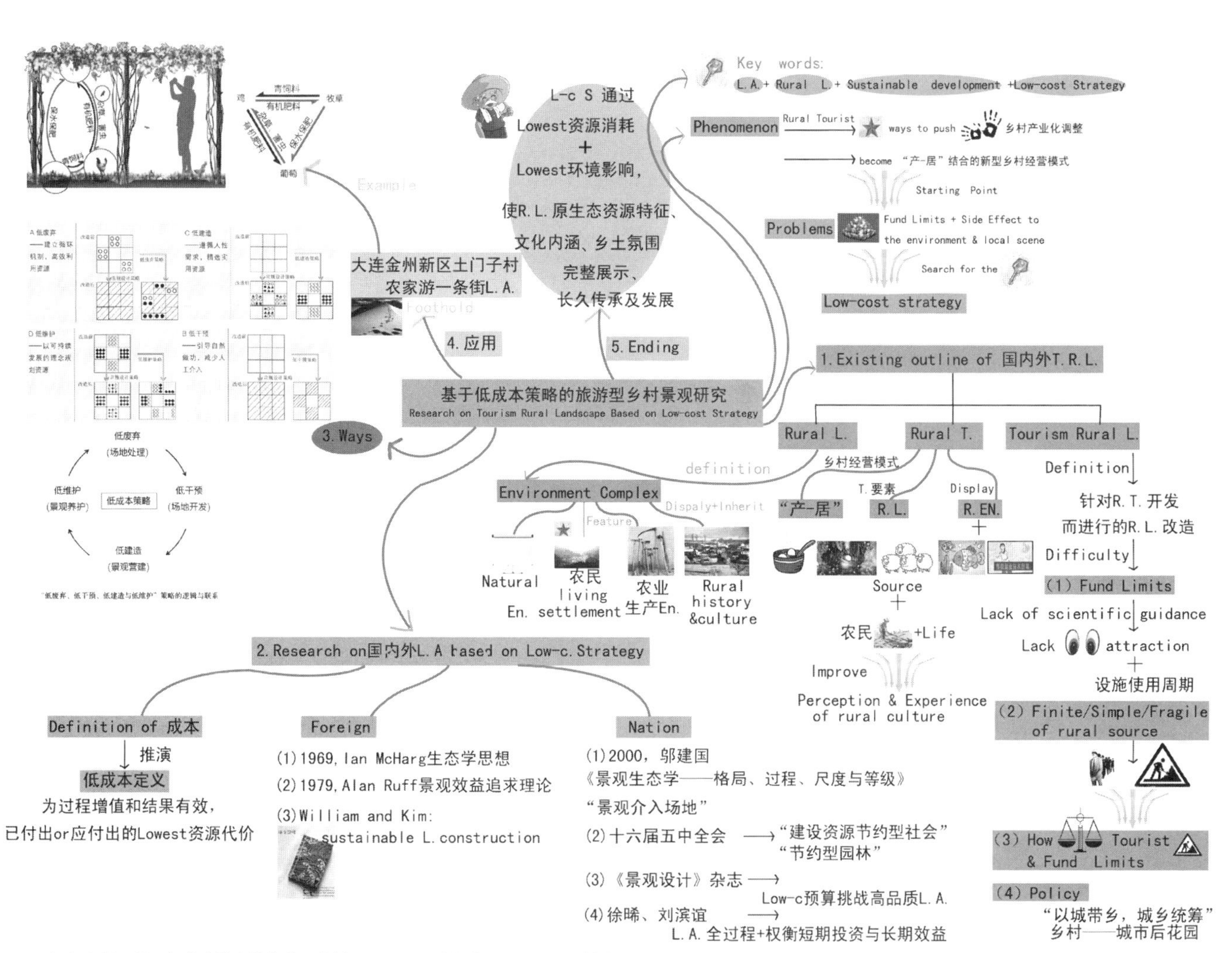

图 5　根据文献《基于低成本策略的旅游型乡村景观研究》绘制的思维导图，周艳绘制

1）独立思考能力

在阅读、思维导图、提问三个环节尤为明显。为了提炼出简练的关键词组织思维导图，学生会充分发挥联系思考、归纳演绎的思维能动性。因为融入了独立思考，学生逐渐具备看文章识“骨架”的能力。在提问环节，鼓励学生提出自己的意见和看法，也让独立思考的疑问得到解答。起初，大部分学生会表示：公开表达自己的观点是件困难的事情。因为害怕自己提出的观点是错的，或者无法提出独立的见解。经过三次完整的“阅读—思维导图—提问—讨论”过程训练之后，所有的研究生都能针对某一文献或话题提出自己的意见和看法。

2）批判性的思维能力

训练之初，学生认为：我们善于吸收文献的观点，看懂了就认为是对的，很难提出反对或质疑的观点。其原因是学生没有习惯独立思考，或用联系的方法追本溯源。在提问环节，学生在4C法（联系—质疑—观点—变化）引导下提出疑问，大家共同讨论寻求问题的答案。经过这种课程训练之后，学生批判性的思维得到很好的发展和引导。

5 结论

在讨论课堂采用思维导图工具，不但解决了研究生讨论课存在的师生平等意识不强、课前准备不充分、讨论过程偏离目标、讨论后反思不够等问题，而且激发了学生的阅读兴趣，培养了独立思考和批判思维，为后续开展研究打下了良好的基础。研究生教学讨论课堂结合思维导图工具的教学效果良好，且具有很好的可操作性。

（基金项目：湖北省教育厅人文社会科学研究项目“基于复合型人才培养的风景园林专业教学模式研究与实践”，项目编号：13g02；湖北省教育科学“十二五”规划2013年度立项课题“风景园林专业拔尖创新人才培养的国际比较研究”，课题编号：2013B007）

参考文献：

[1] 马启民．“Seminar”教学范式的结构、功能、特征及对中国大学文科教学的启示[J]. 比较教育研究，2003，(2)：55–57.
[2] 徐小洲，王天嫱．论研究型大学本科教学的小组合作学习[J]. 中国高教研究，2002(5)：57–58.
[3] 邢以群，姚静．研究生团队学习模式的实践与探讨[J]. 学位与研究生教育，2004(2)：23–26.
[4] 陈洪根，薛静．高校研究生科研创新团队特性研究[J]. 中国高教研究，2004(7)：26–34.
[5] 吴飞，吴坚．谈谈在大学生中开展协作型学习模式的重要性[J]. 中国地质教育，2003(2)：16–17.
[6] 张亲霞．儒家的群体精神和大学生团队意识的培养[J]. 陕西教育学院学报，2001(1)：74–76.
[7] 马兰．合作学习的价值内涵[J]. 课程教材教法，2004(4)：74–76.
[8] 崔荣佳．合作学习法在课外学习中的应用[J]. 清华大学教育研究，2003(12)：24–27.
[9] 王穗平，杨洁．洋为中用——合作学习法的移植应用[J]. 大连外国语学院学报，1997(5)：35–37.
[10] 袁兮芬．EFL大班与合作学习[J]. 陕西师范大学学报：哲学社会科学版，2003(10)：207–209.
[11] 王昌达，卡尔顿大学研究生教育中的讨论课及启示[J]. 高校教育管理，2008，(1)：88–91.
[12] 李佳孝，周美林．提高研究生讨论课有效性的若干思考[J]. 研究生教育研究，2013，(5)：53–57.
[13] 任福全，张小飞，吴佳洁．研究生教学中进行讨论式教学探析[J]. 四川职业技术学院学报，2013，(1)：59–61.
[14] 陈景文，刘洁．研究生课程的“研讨式”教学方式[J]. 高等教育研究学报，2008，(1)：55–57.
[15] 谢美华，张增辉．探究式教学在研究生课程教学中的实践[J]. 高等教育研究学报，2011，(2)：61–63.
[16]（美）卡琳·莫里森，马克·邱奇，罗恩理·查德．哈佛大学教育学院思维训练课[M]. 中国青年出版社，2014.
[17]（英）东尼·博赞(Tony Buzan)．思维导图[M]. 中信出版社，2009.
[18]（美）莫提默·J. 艾德勒，查尔斯·范多伦．如何阅读一本书[M]. 商务印书馆，2004.

图片来源：

图1～图5：均选自学生在讨论课堂分享交流环节展示的思维导图。

作者：周燕，武汉大学城市设计学院风景园林系　副教授，硕导；王江萍，武汉大学城市设计学院风景园林系　系主任，教授，博导

以问题为导向的建筑设计基础课程教学研究与实践

王丽洁

Research and Practice on Problem-based Teaching Design Basis for Junior Students Majoring in Architecture

■摘要：探索适合时代发展的教学模式，如何优化建筑学低年级建筑设计基础课程教学是值得研究与探讨的重要课题。文章分析了目前低年级建筑设计基础教学中存在的问题，并针对这些问题，从建筑学整个课程体系出发，探索以问题为导向的建筑设计基础课程教学优化方法。文章研究了基于“问题型”教学的题目设置、“问题型”细部深化设计教学和在教学中如何注重培养学生解决“问题”的理性思维与设计方法等问题，并介绍了具体的教学实践成果。
■关键词：建筑学　建筑设计基础课程　教学方法　问题型教学
Abstract: Researching the teaching mode based on the time of developing and optimization of teaching junior students majoring in architecture is on important issue. This paper analyzes some problems in teaching architectural design for junior students. From the system of teaching, the author try to explore problem-based teaching methods which can optimize teaching. This paper studies problem-based design theme, problem-based detail design teaching and the design method by rational thinking. Alos, this paper suggests some teaching practices.
Key words: Architecture; Teaching Design Basis; Method of Teaching; Problem-Based Teaching

探索适合时代发展的教学模式，提高学生综合素质，是建筑教育改革的当务之急。从建筑学整个课程体系出发，建筑设计基础课程教学在教学体系中处于重要的位置与阶段，如何优化课程教学值得研究与探讨。

一、教学中存在的问题

1. 设计内容扁平，设计深度不够

完善的建筑设计，应解决三个方面的问题：宏观问题，应处理好建筑与环境的关系；

中观问题，应处理好建筑形体与空间的关系，合理的功能分区和组织好流线设计；微观问题，应深化设计内容，建立各方面的技术支撑和室内外环境设计与细部处理．目前设计所解决的问题，主要集中在建筑的中观层次，即形式、空间与秩序方面，而宏观和微观两方面问题没有得到解决。在一个课程设计 8 周时间的频率下，虽然设计题目的类型和规模在变化，但设计内容没有得到深化，设计内容扁平。

2. 题目设置重点不突出，针对性不强

现有建筑设计教学以“建筑类型”的划分为基础，以功能内容的不同为设置教案的依据，所有知识点均隐藏在题目的类型当中。题目设置的特点是逐步从“小而全”做到“大而全”。每个题目的训练目的不突出，往往要求面面俱到，从功能关系图到平面图、立面图，直至剖面图等，都是从图到图的学习训练过程，缺少针对设计教学中训练目标与教学目的的体现。这样的题目设置缺乏针对性，重点不突出，面面俱到，而对设计教学的关键问题与重点问题难以深入。

3. 基本问题强调不够，缺少理性的设计过程

此类问题具体体现为：空间的基本构成要素对建筑空间与形式的生成及制约的作用强调不够；环境对建筑空间、建筑形体生成的限定关联作用强调不够；对建筑材料、建造方式与建筑空间的关系及建筑细部处理表达强调不够，致使学生对设计的基本问题与重点问题训练缺乏，设计缺少理性的思维过程。

4. 建筑本体“单极”化

学生常在建筑形式上耗费了大量精力，但形式却缺乏材料和技术方面的支撑。如果形式、空间与秩序是建筑软质的“本”，那么材料、结构与构造则是建筑硬质的“本”。教学中由于关注空间组织层次的内容而缺乏实体层面如材料、结构与构造等内容的跟进，将导致学生对建筑本体“单极”化的认识，缺乏职业建筑设计的素养和能力。

二、优化基于“问题型”教学的题目设置

建筑设计教学是以学生的研究性学习为主，表现为发现问题、分析问题和解决问题的连续过程，通过解决每个问题，建立完整的教学体系，使得教学目标得以实现（图 1）。在建筑设计课程中引入“问题型”互动式教学，建立以问题类型为主、以建筑功能类型为辅的教学模式。问题为设计的主题，建筑类型为解决问题的载体。这种以理性为基础、循序渐进的、目标明确的教学策略，对设计教学效果有着相当重要的作用。

1．“问题”的确定

设计研究的“问题”的确定，是教学成功的关键。建筑设计中的基本问题，如空间、环境、建构、艺术形式及设计方法等都可能成为设计研究的“问题”，每个设计题目给出一个重点问题，有针对性地加以重点强化训练。各设计题目所强调的重点问题串联起来，成为设计教学的目的与实现目标。这种“问题型”设计教学可使学生抓住主要矛盾，在有限的时间内掌握建筑设计的关键问题，建立起设计的概念与思维。以二年级教学为例，我们从环境、空间、技术、艺术四个方面尝试性地确定了每个设计教学中所重点解决的问题。每个题目仅要求学生重点解决一两个主要问题，不要求面面俱到，最后进行综合运用，使整个教学形成完整的体系。

2. 解决问题的途径

①过程引导性教学。强调设计练习中的过程性把握，根据理性的设计思维过程，科学设计一系列设计阶段，通过阶段性逐步深化的方式将每一设计题目科学地进行分解，每一个阶段重点解决设计过程中的一个关键问题，强调方法与可操作性，减少“悟”的成分，形成一套理性解决问题的思维方法。

②专题讲座教学。针对每一研究问题，科学确定解决方法，有针对性合理安排系列专题讲座，讲座应重视设计思维方法与相应经典实例分析，重点解决学生在设计中方法上的困惑，扩展思路，引导运用学生理性解决问题的思维方法。与二年级教学中的解决的问题对应，我们进行了一系列的专题讲座（表 1）。

教学体系与教学目标的实现

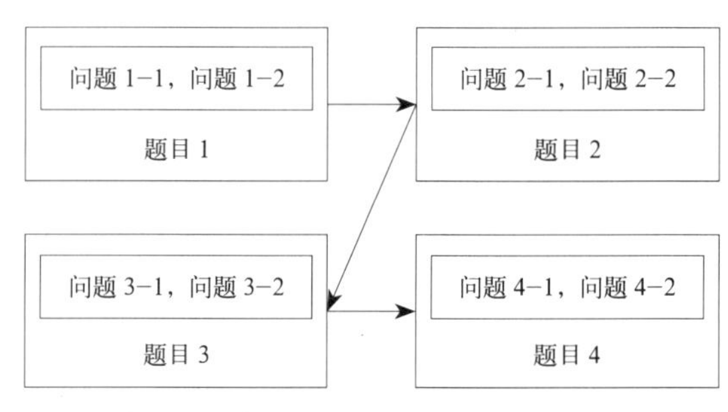

图 1　设计问题结构与教学体系

三、加强“问题型”细部深化设计教学

细部设计就是建筑细部的功能、技术、材料、构造、美观等问题的设计，而这些都是构成建筑整体性的必要元素。因此细部设计应该始终贯穿建筑设计的全部过程，并且不能够脱离了建筑设计。

我们在教学中引入“问题型”细部深化设计教学，引导学生不仅关注形式因素，同时关注形式的生成基础；不仅关注建筑中观层次的内容，也能深入到微观层次，并向宏观层次扩展；引导学生关注建筑中的各种技术因素。“问题型”细部深化设计教学旨在引导学生建立对建筑设计内涵和设计过程的完整认识，培养学生严谨的设计态度和设计方法。教学中的四个题目联系各自要解决的问题，我们设定了相应的细部深化的内容（表2）。

以“问题”教学为导向的二年级教学题目设置与专题讲座 表1

题目设置	问题1：环境 （场地与场所）	问题2：空间 （功能与形式）	问题3：技术 （材质与建构）	问题4：艺术 （工艺与细部）
	教学目标：引导学生掌握基于场地、功能、技术条件下的理性的思维和设计方法			
	解决如何协调建筑布局与基地的关系，满足建筑朝向、日照、通风、对外交通、景观等方面要求的问题，使学生学会处理建筑与环境关系的方法	解决如何通过对人体尺度以及行为的分析把握，并反映到建筑空间，合理地进行功能组织与空间安排、流线组织及空间尺度的问题	解决从构造、材料、技术方面思考如何实现某种特定空间问题，了解技术约束中的灵活空间	解决建筑与其环境的细部形式、细部尺度与比例、细部节点的构造处理问题，使方案进一步深化，保证建筑整体的设计意向得以最终实现
题目1：小型居住类综合建筑设计 环境：自然环境限定； 空间：单一空间； 技术：框架结构； 细部：室内设计与家具布置	以环境出发的设计方法 授课内容： 1. 建筑设计基本方法； 2. 设计过程阶段与阶段成果要求； 3. 设计从分析开始； 4. 典型实例分析	空间体验与设计 授课内容： 1. 空间构成要素与空间表情； 2. 行为路径与空间表情； 3. 典型实例分析	—	—
题目2：小型文化类综合建筑设计 环境：人工环境限定； 空间：单一空间； 技术：框架结构； 细部：建筑外檐构造设计	—	—	材料结构与建筑设计 授课内容： 1. 材料结构与建筑设计； 2. 建筑的表现与表达； 3. 典型实例分析	—
题目3：幼儿园建筑设计 环境：住区区域环境限定； 空间：单元组合空间； 技术：框架结构； 细部：场地细部设计	环境与场地设计 授课内容： 1. 场地设计； 2. 建筑环境设计； 3. 典型实例分析	针对特殊人群的心理行为特征与空间设计 授课内容： 1. 行为心理与建筑设计； 2. 典型事例分析	—	—
题目4：社区活动中心建筑设计 环境：城市区域环境限定； 空间：复杂综合空间； 技术：框架结构； 细部：建筑立面细部构造	—	—	绿色建筑设计 授课内容： 1. 绿色建筑概述； 2. 被动式节能建筑； 3. 典型事例分析	建筑细部设计 授课内容： 1. 建筑造型与立面设计； 2. 典型实例分析

“问题型”细部深化设计教学 表2

题目	解决的问题	设计深化教学目的	细部深化内容	细部设计要求	专题讲座
题目1： 小型居住类综合建筑设计	空间 （功能与形式）	了解人体行为尺度与空间的关系，使空间满足功能要求	室内设计与家具布置	选取一个功能空间，对其进行家具布置，并标出相关尺寸	行为心理与空间
题目2： 小型文化类综合建筑设计	技术 （材质与建构）	与构造课程相结合，树立构造设计是建筑设计深化的意识	建筑外檐构造设计	进行从屋面檐口到地面构造的基本设计表达，重点解决建筑屋面保温、排水，柱、梁板、围护墙体的交接、楼梯及栏杆样式的细部设计及构造处理	建筑构造与建筑设计
题目3： 幼儿园建筑设计	环境 （场地与场所）	使学生理解场地是一切建筑活动的起点和终点，关注场地与建筑之间的关系，正确处理场地功能分区、环境设计等问题	场地细部设计	深入完成场地及建筑外部空间环境设计，绘制场地组团放大图	场地设计 建筑环境设计
题目4： 社区活动中心建筑设计	艺术 （工艺与细部）	关注建筑立面细部处理、立面材料与构造处理，解决建筑与其环境的细部形式、细部尺度与比例、细部节点的构造处理问题，使方案进一步深化	建筑立面细部构造	完成建筑立面图（1：100），并对设计进行造型、材质、构造细部节点分析	建筑造型与立面设计

四、注重解决“问题”的理性思维与设计方法

1. 强化理性思维与设计过程

从设计过程的方法引导学生进行设计，根据研究的对象和设计操作方法，将设计过程适当地分解成多个阶段，在每个阶段明确研究目标和“草图”的要求，以“草图”为媒介，强调设计过程的理性化。教学中我们将设计过程划分为以下几个阶段：

①基地分析阶段。结合课程内容，根据提供的建筑环境及场地图形，对基地内各要素进行综合分析，并将个角度的分析成果叠加，挖掘各场地的有利条件和制约因素，完成基地分析部分的内容。

②体块生成阶段。在基地分析的基础上，考虑建筑与环境的关系，完成建筑体块的生成与场地和建筑体块内的功能分区。

③空间组织阶段。在功能分区的基础上，完成建筑内部空间布局与组织。

④细部深化阶段。深化建筑设计，完成建筑细部设计。

2. 坚持设计各阶段方法教学

教学中将方法论运用到建筑设计各个阶段中去，引导学生运用方法指导建筑设计，主要体现在三个方面：

第一，建筑设计在开始阶段总是从实际问题分析开始，引导学生通过分析图或分析模型进行取舍，找出主要矛盾，从中学习分析、判断问题的方法。

第二，在找出主要矛盾后，我们运用类型学教学方法，选择具有相同问题类型的案例，帮助学生从分析案例中寻找解决问题的方法，并将其运用到设计中去。

第三，在图纸表达阶段，要求学生用解析的方法表达设计意图，在对设计成果进行抽象的过程中，发现问题。

3. 优化设计过程评价方法

引入“立体化”评图方法，在评价形式和评价内容上做出较大的改进。评价形式从以往单纯由任课教师在期末给出结论性的评价成绩，改为在不同的设计阶段分别由学生之间互评、任课教师评价、其他年级教师评价和校外设计院专家参与评价的多重评价体系；评价内容从单一的图纸评价，转向对设计过程的记录和成果说明，引导学生关注建筑本体、关注过程，使图纸更具记录性和分析性。对学生前期资料收集、调研报告、专题训练成果与分析、设计的各个阶段性成果（包括模型和图纸）以及学生答辩汇报等阶段，进行多元化全面评价。增加平时成绩的比重，注重设计过程思维的连贯性与一致性，关注设计过程与设计方法。增加评价后的“观摩交流”环节，在学院公共空间对全年级的设计成果（包括模型和图纸）进行展示，并抽取部分优秀学生做公开汇报，为师生交流与学习提供平台，也为成果的客观评价提供保证。通过作业评价，促进老师及时总结教学成果与不足，在后续的教学中得以改进。

（基金项目：河北省高等教育教学改革项目，本科建筑学专业建筑设计基础课程教学创新优化研究 项目编号：2012GJJG046；2012 年河北工业大学教学改革项目，建筑学专业建筑设计基础课程教学优化研究）

参考文献：

[1] 薛滨夏，周立军，于戈．从真实到概念——“建筑设计基础”课教学中空间意识培养 [J]. 建筑学报，2011，(6)：29–31.

[2] 陈秋光．整体中的片断——关于建筑设计入门教学裸程设计的研究与实践 [J]. 新建筑，2009 (5)：101–103.

[3] 朱怿．引入长周期课题，深化教学设计——以长、短周期课题组织建筑设计课程教学的初步构想[J]. 华中建筑，2010 (5)：188–190.

[4] 崔轶．培养理性思维过程的教学方法——关于二年级建筑设计课程的实验性实践 [J]. 华中建筑，2011 (10)：171–174.

[5] 张嵩．从“正图”到“草图”—— 建筑设计教学和评价的重心转移 [J]. 华中建筑，2009 (11)：170–172.

作者：王丽洁，河北工业大学建筑与艺术设计学院 副教授

建筑物理课程探究性实验教学模式研究

葛坚　马一腾

Research on The Teaching Mode of Inquiry Experiment in the Course of Building Physics

■摘要：本文从建筑物理课程和实验的教学现状出发，分析了探究性实验教学模式在当前建筑物理教学中的必要性和可行性，以此为依据，提出了建筑物理课程模块化教学模式的组成和内容。结合浙江大学的教学背景和实验基础，设计并改革实施了建筑热环境参数测定与热舒适分析实验，为建筑物理课程教学模式的改革和发展提供了理论依据和实践基础。
■关键词：建筑物理　课程改革　探究性实验　教学模式
Abstract: This paper analyzes the necessity and feasibility of the inquiry experiment teaching mode in the current building physics teaching, based on the teaching status of building physics course and experiment. On this basis, the composition and content of the modular teaching mode of building physics curriculum are put forward. According to the teaching background and experimental foundation of Zhejiang University, the paper designs and implements the indoor thermal environment parameters experiment, which provides a theoretical and practical basis for the reform and development of the teaching mode of building physics.
Key words: Building Physics; Curriculum Reform; Inquiry Experiment; Teaching Mode

1　建筑物理课程改革的背景概述

1.1　当前建筑物理课程的教学现状

随着建筑节能设计、绿色建筑、生态建筑等观念在建筑界的不断兴起，越来越多的建筑师在这些方面都有了更深入的了解和尝试。高校作为建筑师培养职业素养的地方也日益关注相关方面的知识培养和能力积累。在这个过程中，建筑物理作为建筑节能、建筑环境学等相关知识的基本理论，受到了国内外高校的重视，其必要性和重要性也不断得到关注。

从 20 世纪 50 年代起[1]，建筑物理就成为中国高等院校建筑学专业的一门专业基础课，是学生知识构架的重要组成部分，也是作为一个职业建筑师的必要素养之一。建筑物理课程主要包括建筑热工学、建筑光学和建筑声学三部分。目前，国内大多数高校对于建筑物理课程的教授过程还是以传统的教师课堂授课为主，老师灌输型的教学方式对于学生上课的积极性、知识理解的全面性和理论与实践相结合的综合性都没有起到积极的作用。这就需要一种全新的教学理念和教学方式重塑建筑物理课程的教学模式，使得学生在充分掌握知识的基础上，将理论与实践相结合，运用到建筑设计实践和项目当中。

1.2 实验性教学模式的必要性和可行性

针对现状，实验是解决以上建筑物理教学困境的可靠手法。

首先，实验能够充分调动学生的积极性和主动性，使得学生在常规知识训练的基础上，通过实验原理的巩固、实验方案的设计、实验原理数据的采集和实验结果的分析等等过程，掌握实验的基本内容，同时将课堂中所学到的知识加以运用，真正做到理论联系实际。

其次，实验探究对于建筑设计和工程实践有着很大的帮助。通过实验的积累，学生能够获得更多的一手资料，而不是仅仅限于理论知识的积累，这些现实的资料能够更真实和形象地反映建筑环境现状，优于知识假想、软件模拟、图纸表达等等其他方式。

再次，目前国内许多高校，例如笔者所在的浙江大学在建筑物理实验设备的购置、实验场地的安排、师资力量的积累等等各方面都有了一定程度的积累，初步具备了建筑物理实验进行的各项条件，同时学生对于实验的积极性也推动了实验部分在课程中的设置。实验性教学模式在建筑物理课程当中的设定势在必行。

1.3 建筑物理实验教学现状

目前部分高校主要的建筑物理课程中已经加入了建筑物理实验教学，与原有的课程讲授部分相结合，主要的建筑物理实验有以下这些：热环境参数测定、热流计法测量构件传热系数、热箱法测量构件总传热阻、采光与照明实验、混响时间测量、环境噪声测量[2]等等。

在国内的高校建筑物理实验教学当中，四川大学综合考虑实验设备、教学环境、课时、学生人数、师资配备等条件限制，选择性地开设3个热工、2个光学、3个声学共8个必做实验项目[3]；广西大学要求学生根据所学的建筑声学理论和实验技术，进行厅堂的音质设计[4]；北京建筑大学设计了一个独特的空间吸声体灯具设计制作测试实验，将产品设计、环境测试、环境体验和环境评价融为一体[5]；合肥工业大学提供数套仪器，由学生自行分组，测定相关建筑环境的物理参数（如声环境、光环境和室内外热环境参数），让学生亲自感受环境或是对非常熟悉的环境做相应的分析和评价[6]；重庆大学建筑物理基础实验包括建筑热工（日照模型实验，墙体传热实验）、建筑声学（材料吸声系数测量，墙体隔声实验）、建筑光学（采光模型实验，照明模型实验）、建成环境物理综合实验（将重庆学林雅园居住小区、重庆大学建筑设计院大楼、重庆大学建筑馆等作为长期综合实验基地，进行建筑热工、建筑光学、建筑声学的综合实验）[7]。

2 建筑物理课程探究性实验教学模式的构成

模块式教学体系，从某种意义上说，是积极的、方向性的，适应时代的发展和社会的需求。就学校教育的教与学来说，明显提高了教学效果[8]。浙江大学对建筑物理课程进行了模块式教学体系的分割与整合，具体的模块体系框图如图1所示。

目前，浙江大学正在不断探索建筑物理课程的探究性实验教学模式，将原有的课程与实验课程相整合（表1）。

2.1 知识教授模块

在知识性教学部分，浙江大学建筑物理Ⅰ课程的主要内容是建筑热工学和建筑光学，使用的教材是《建筑物理》[9]（柳孝图，中国建筑工业出版社出版）。上课的方式主要以老师讲解为主，以多媒体展示和自编软件演示为辅。考虑到上课的学生以本科三年级的建筑学专业学生为主，对于

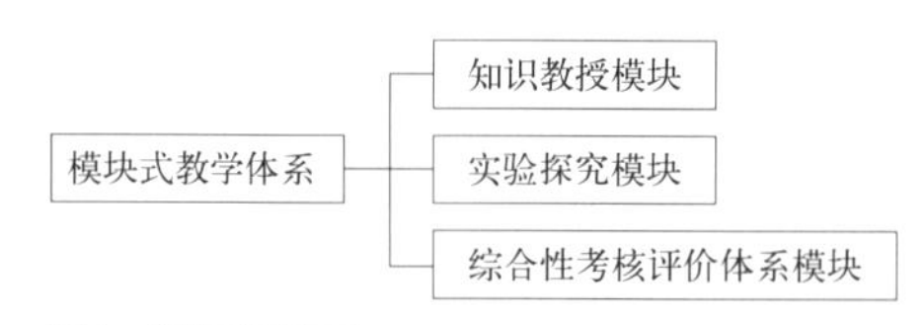

图1 模块体系框图

浙江大学建筑工程学院建筑物理Ⅰ课程安排　　表1

时间	总学时	课程内容
第1–4周	16	建筑物理书本知识教授
第5周	4	书本知识＋实验相关原理和内容介绍
第6周	自由安排	实验操作，撰写实验报告
第7周	4	知识教授模块＋实验模块总结
第8周	4	建筑物理课程总结

建筑学的基础知识有一定的积累，因此上课的内容尽量详细，主要的内容包括基本理论讲解、基本计算讲解和简单实验介绍，为之后的实验探究模块做好铺垫。

例如，在建筑热工学第1.2章建筑的传热与传湿章节，知识教授部分介绍了三种传热方式、平壁传热和建筑传湿的基本原理，讲解了平壁传热的热阻等基本计算，同时讲述了保温材料传热系数测定的基本方法，三个部分相互结合，实现知识结构的正确性和完整性。

2.2 实验探究模块

实验探究模块的实验并不是简单地以教材中现有的建筑物理实验为蓝本照搬照抄，而是以浙江大学紫金港校区建筑系馆作为实验对象，选择大厅、教室和专业教室作为实验地点，对室内热环境和光环境做测定、分析和优化。

整个实验模块的顺利完成首先需要学生对于建筑热工学和建筑光学基本理论知识熟练掌握和运用到现实条件中，其次需要学生对于实验器材和设备的基本原理和操作有着一定掌握，再次需要学生根据现有的实验现状提出相应的优化设计策略，在原有的建筑设计上有所提高，真正做到活学活用。可以说，实验探究模块对于学生的建筑物理综合能力方面要求很高。

2.3 综合性考核评价体系模块

传统的建筑物理考核体系以考试为主，这样大大降低了学生对于课程的积极性和知识体系的完整性。此次建筑物理课程采用综合性考核评价体系，在原有评价体系的基础上，加上实验探究模块内容，使得学生对于时间安排更为合理，对于知识掌握更为完整，对于考试的认知更为科学（表2）。

3 实验探究模块：建筑热环境参数测定与热舒适分析

3.1 实验教学改革

传统的实验教学模式是任课教师讲解书中给出的典型实验，主要实验任务是由任课教师布置，学生在老师安排好的实验室中进行典型实验，并自行完成实验报告。本文所介绍的建筑物理课程1～4周是建筑物理书本知识教学阶段，第5周实验相关知识的介绍，为之后的探究性实验打下理论基础。除了集中的理论教学，本文的实验教学在其他诸多地方都做了改革。

（一）实验教学对象选取的改革：从课程安排到学生自主选择

本次实验的主要目的之一是希望通过学生的自主探究，将建筑物理的书本知识与具体的建筑实践相结合，并最终运用到未来的建筑设计当中，使学生的建筑设计水平受益。因此对于实验对象的选择也尽量做到充分的自主性。

经过学生的讨论和研究，最终选取了浙江大学紫金港校区月牙楼（学生活动中心）作为主要的研究对象。经过对建筑内部功能的分析，结合不同建筑空间的内环境差异，主要选取了该建筑的大厅、多媒体教室和专业教室等不同的建筑空间作为实验和实测的对象，并根据不同的实验环境自主设计实验的方案（图2）。

（二）实验教学内容设计的改革：从单一数据测定到综合性建筑环境评价

《建筑物理》课本的安排和传统的实验教学是对室内热环境进行各类具体参数的测定，测定的过程流程化而不具有创造性。学生在实验的过程中，主要的任务是操作实验器材、读取和记录数据以及撰写实验报告。本次实验改革了内容设计的过程，希望学生在答疑实验数据测定的基础上，充分考虑建筑的使用者的主观评价，将客观数据和主观评价相结合，最终达到对既有建筑进行综合性环境评价的目的（图3）。

（三）实验结果表现的改革：从个人实验报告到综合性表现

实验报告是实验类课程的主要表现方式，一般的实验报告都是学生课后自主完成，建筑物理课程的实验也不例外。本次实验改革在成果表现上有很大的变化，将结果表现分为小组部分和个人部分（表3）。

综合性考核评价体系成绩组成　表2

比例	内容	备注
20%	课程作业	每次上课结束布置课后作业来巩固上课知识点
10%	实验报告撰写	包括小组报告和个人报告两部分，分值各占一半
70%	期末考试	考试题型包括名词解释、简答题、论述题、计算题等

探究性实验结果表现方式　表3

实验结果表现	所占分值	内容
小组报告	50%	数据收集、整理、分析
个人报告	50%	建筑环境现状分析和室内空间改造

图 2　浙江大学紫金港校区月牙楼（学生活动中心）

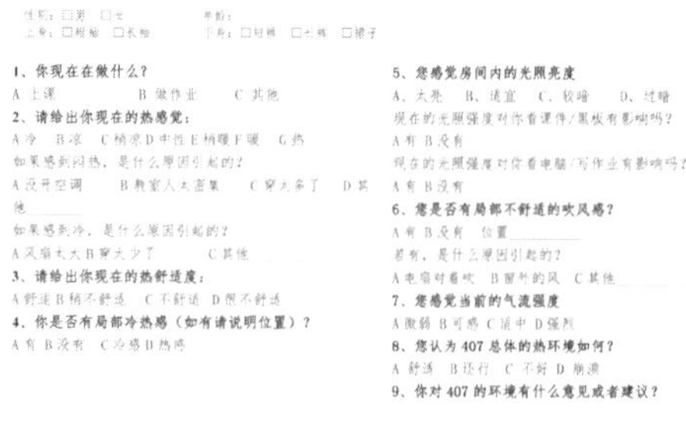

月牙楼 407 室内热舒适度问卷

性别：□男　□女　　年龄：
上身：□短袖　□长袖　　下身：□短裤　□长裤　□裙子

1、你现在在做什么？
A 上课　B 做作业　C 其他
2、请给出你现在的热感觉：
A 冷　B 凉　C 稍凉 D 中性 E 稍暖 F 暖　G 热
如果感到闷热，是什么原因引起的？
A 没开空调　B 教室人太密集　C 穿太多了　D 其他______
如果感到冷，是什么原因引起的？
A 风扇太大 B 穿太少了　C 其他______
3、请给出你现在的热舒适度：
A 舒适 B 稍不舒适　C 不舒适　D 很不舒适
4、你是否有局部冷热感（如有请说明位置）？
A 有 B 没有　C 冷感 D 热感
5、您感觉房间内的光照亮度
A、太亮　B、适宜　C、较暗　D、过暗
现在的光照强度对你看课件/黑板有影响吗？
A 有 B 没有
现在的光照强度对你看电脑/写作业有影响吗？
A 有 B 没有
6、您是否有局部不舒适的吹风感？
A 有 B 没有　位置______
若有，是什么原因引起的？
A 电扇对着吹　B 窗外的风　C 其他______
7、您感觉当前的气流强度
A 微弱 B 可感 C 适中 D 强烈
8、您认为 407 总体的热环境如何？
A 舒适　B 还行　C 不好　D 崩溃
9、你对 407 的环境有什么意见或者建议？

图 3　月牙楼热环境参数测定与主观评价问卷

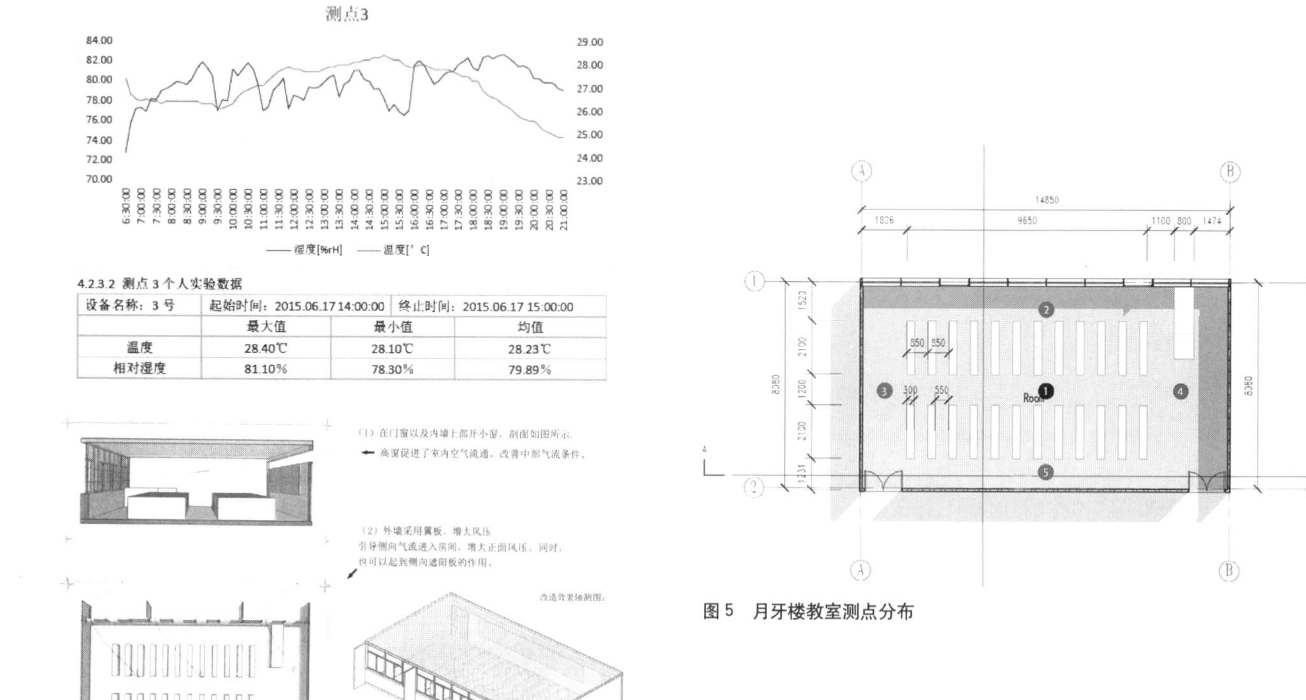

4.2.3.2 测点 3 个人实验数据

设备名称：3 号	起始时间：2015.06.17 14:00:00	终止时间：2015.06.17 15:00:00	
	最大值	最小值	均值
温度	28.40℃	28.10℃	28.23℃
相对湿度	81.10%	78.30%	79.89%

图 4　探究性实验分析报告和室内空间改造举例

图 5　月牙楼教室测点分布

小组部分的设置主要是为了增加学生的团队协作能力，在实验过程和小组报告撰写过程中相互交流与合作。小组报告的内容主要针对实验和调查数据的收集整理及初步的分析。个人部分的设置主要是为了增加学生的自主创新能力，主要是针对现状作出分析，并结合建筑设计的特点作室内空间改造，将实测结果与建筑设计改造相结合，使得理论、实测、设计等结合在了一起，实验这个过程得到了综合和升华（图 4）。

3.2　实验过程简介

实验主要是为了了解室内外热环境参数测定的基本内容，掌握常用仪器设备的性能、测试原理及操作方法。通过数据分析，评价室内外热环境，提高对建筑热环境的认识。通过实验数据，验证热工学理论，探究性找出月牙楼存在的热工问题，并尝试提出解决方案。下面以月牙楼教室为例，简要介绍一下实验内容和方法。

实验的内容主要包括使用者主观问卷调查和客观主要数据的测定两方面，客观数据主要包括室内外空气温度、室内外相对湿度、室内瞬时风速、室内辐射温度、室内环境的PMV–PPD等。

在以教室为主的实验中，室内测点共五个。测点1位于教室的中心位置，用热舒适仪同时测量温湿度和PMV–PPD值。测点2～5分布于教室四周，用温湿度仪测量，只测量温湿度；另外，每隔半小时用热舒适仪测量一次瞬时风速。这五个测点可分别进行横向和纵向两个维度的比较分析（图5）。

实验的主要仪器设备是testo174温湿度记录仪和热舒适度测量仪。testo174温湿度记录仪可以在计算机上进行测量参数的设置，放在指定的测量点，开启记录仪之后，记录仪可根据设置的参数自动测量室内的温湿度并记录，之后便可在计算机上导出数据，进行分析。热舒适仪插上风速探头，设置完成之后，可以对瞬时风速进行测量。需要手动记录下瞬时风速的数据。插上黑球探头，设置完成之后，可以对辐射温度进行测量。放在指定的测量点，开启记录仪之后，热舒适仪可以根据设置的参数自动记录辐射温度的数据、测量室内的PMV–PPD指数并记录，之后可在计算机上导出数据，得到图表，进行分析。

使用者主观问卷调查的内容有着装、客观指标的主观舒适度（包括温度、相对湿度、通风、光照等）、热环境改进意见、评价位置等。

4 建筑物理课程探究性实验教学模式的成果和收获

在任课教师、助教、实验人员的指导下，学生完成了实验过程，并根据要求完成了小组报告和个人报告，基本上所有学生的参与性都很高，项目完全达到了预期的教学、实验、总结等目的。最终参与学生78人。

在建筑物理课程探究性实验教学中，学生深入了解了室内外热环境参数测定的基本内容，掌握了常用仪器设备的性能、测试原理及操作方法。还通过数据分析，学会评价室内外热环境，提高了对建筑热环境的认识。

在实验数据处理方面，实验之前的预想并不能在实验数据里有所体现，使得学生懂得了尊重实验数据的原真性，注意误差反思，养成科学严谨的探究习惯。在实验结果表达方面，在实验数据表达的基础上，充分发挥建筑系学生的特点和优势，给出了室内环境改造的方案，实验的结果更具丰富性和可实施性。

可以说，建筑物理课程探究性实验教学模式在浙江大学的课程改革当中是成功的，不仅使得老师探索和拓展了新的教学模式，而且使得学生在学习过程中能够更好地学习建筑物理知识和方法，拓展思维，提升能力，为将来成为一名合格建筑师打下基础，一举两得。

注释：

[1] 许景峰，宗德新，尹轶华．数字技术在建筑物理课程教学中的应用[J]．高等建筑教育，2012，21（1）．

[2] 柳孝图．建筑物理[M]．中国建筑工业出版社，2010．

[3] 王春苑，欧阳金龙，任嘉友，荣琪．建筑物理实验教学反思和声学实验教改实践[J]．实验技术与管理，2015（7）．

[4] 黄险峰．建筑物理实验教学改革的探索[J]．广西大学学报（哲学社会科学版），2007（5）．

[5] 李英，陈静勇．建筑设计类专业学科链实验室建设和实验课程改革[J]．实验室研究与探索，2007（9）．

[6] 饶永，潘国泰．建筑物理课程教学内容与方法的改革[J]．合肥工业大学学报（社会科学版），2004（8）．

[7] 杨春宇，陈仲林，唐鸣放，何荥，宗德新，许景峰．建筑物理课程教学改革研究[J]．高等建筑教育，2009，18（2）．

[8] 刘丽华，王丽颖，隋艳娥．建筑学专业《建筑物理》课程模块式教学体系研究与实践[J]．长春工程学院学报（社会科学版），2006，7（4）．

[9] 同注释[2]．

作者：葛坚，浙江大学建筑学系 教授，博士生导师；马一腾，浙江大学建筑学系建筑技术方向 研究生

基于心理契约的和谐师生关系及其建构

唐晓岚　达俏　贾艳艳

Study on the Construction of Harmonious Teacher-Student Relationship based on Psychological Contract

■摘要：和谐的师生关系是构建和谐教育、顺应和谐社会的必要举措，但社会中师生不和谐的事件频频发生。心理契约是构建良好师生关系的一种有效方法。本文从非功利性、阶段性、延续性介绍心理契约特点，从师生双方适时调整期望值、增强管理教育技巧、师生双方提高暗示技能和感知能力、发挥心理契约激励与约束功能改善师生关系和违背心理契约的处理等五个方面，阐述缔结师生心理契约这一解决当前问题的有效措施。

■关键词：心理契约　师生关系　和谐

Abstract: Harmonious relationship between teachers and students is necessary measures to build a harmonious education and adapt to a harmonious society, but the disharmonious incidents between teachers and students happen repeatedly. Psychological contract is an effective way to build a good teacher—student relationship. The article introduces characteristics of psychological contract from disinterestedness, phased and continuity. The article elaborates how to establish psychological contract between teachers and students from five aspects: the teachers and students both sides to adjust their expectations and timely cautiousness, strengthen management education skills, enhance both sides suggested skills and awareness, conscientiously fulfill the psychological contract between teachers and students, and the treatment of breaching psychological contract, which are effective measures to solve the problem of the current.

Key words: Psychological Contract; Teacher—Student Relationship; Harmony

自从党和国家提出建设社会主义和谐社会的命题以来，和谐的观念已深入人心。在这个迫切需求人才的时代，和谐是现代教育的基本特征和趋势，构建和谐教育无疑成为构建和谐社会必不可少的一部分。和谐的师生关系作为人际关系教育的核心，对和谐社会的建设有着基础性的作用。现今，各高校纷纷提出“以学生为本，以教师为重”等建校理念，这体现了构建和谐师生关系已经得到了社会的高度重视。然而，我们周围的师生关系有时候并不和谐。社会上经常报道一些严重的师生冲突事件，如 2015 年 9 月，"师生断交事件"[1]；2015 年 5 月，研三学生跳楼自杀事件[2]；2014 年 5 月，数学教授被学生举报剽窃论文事件[3]；2013 年，师徒反目"院士造假事件"[4]，2008 年，"学生砍杀教授事件"[5]……这些非典型事件充分表明有些师生关系并非那么和谐。

一、心理契约概述

"心理契约"（Psychological Contract）这一术语最早由克瑞斯·阿吉里斯（Chris Argyris）提出。他在《理解组织行为》一书中，用"心理工作契约"（Psychological Work Contract）来刻画下属与主管之间的一种关系[6]。随后，哈里·莱文森（Harry Levinson）等学者通过对 874 名雇员的访谈，证实了雇员与雇主（企业）之间在书面雇佣契约之外确实存在着一种心理契约，并将其定义为雇佣双方交换关系中未书面化的相互期望[7]。1989 年，美国学者卢梭（Denis M. Rousseau）从个体单向视角对该概念重新定义，认为心理契约是个体对双方交换关系中彼此义务的主观理解和信念[8]。从此，心理契约究竟是单一主体还是两个主体的问题在学界出现了意见分歧，由此展开了所谓"双向期望观"和"单向信念观"两个学派的争论[9]。

国内学者对心理契约的概念也有不同。魏峰[9]认为心理契约存在广义和狭义的两种理解。广义的心理契约是雇用双方基于各种形式的承诺对交换关系中彼此义务的主观理解；狭义的心理契约是雇员出于对组织政策、实践和文化的理解和各级组织代理人做出的各种形式承诺的感知而产生的，对其与组织之间的、并不一定被组织各级代理人所意识到的相互义务的一系列信念。有关师生之间的心理契约概念，郭江平[10]认为是师生各自期望经某种暗示的方式交流之后，部分期望得到对方心理上的认同，从而在双方之间达成的一套有关权利、义务关系的隐形协议。

心理契约是客观存在的一种非常普遍的社会现象，是文本契约与口头约定之外的一种有力补充。师生心理契约既可在师生两个群体之间形成，也可以在师生个体双方之间存在。本文认为师生之间心理契约的概念是，师生之间在交往过程中，对彼此的思想进行感知然后认可各自的某些期望，从而形成隐形的权利义务关系的协议。

二、师生关系中不和谐现象存在的原因

1. 师生之间心理契约违背和破裂

师生关系缔结于入学，定位与期望是师生关系的起点。如今，师生越来越从自己的立场上对对方定位与产生期望。教师认为，学生应该深刻认识到学习的重要性，并有积极的态度去自我学习达到教师期望的高度；而学生往往觉得，教师应该多加引导，以使学生一步步完成学习任务；有些不思进取的学生甚至觉得自己怎么样是自己的事，老师不该多管闲事。这就使得教师与学生对各自以及对方的期望值之间产生差异，差异较大，失望越大，就会产生心理契约违背，严重的话就会导致师生关系破裂，也就是心理契约破裂。师生之间心理契约违背是指师生中一方感知到另一方行为上没有履约的过程或在结果上没有兑现心理契约的承诺，与之伴随的是感知方产生相应的情感体验及情绪、行为反应。师生之间心理契约破裂是指师生中的一方明确感知另一方严重违背某些心理契约的约定，与之伴随的是出现较强烈的情感体验及情绪、行为反应，进而导致师生双方心理契约关系遭受到严重损害。

师生之间形成的心理契约是隐性无形的，但它客观存在于师生之间的关系中，双方内心都能感知到各自应履行的责任。就像文章开始时列举的例子，师生之间的各种矛盾使得师生之间产生心理契约违背和破裂，最终导致悲剧的发生。因此师生之间的心理契约违背和破裂是影响师生之间和谐的一大原因。

2. 师生之间缺乏足够的交流与沟通

交流与沟通是构建良好的师生关系、达到师生共同期望的基础。它是师生之间相互作用、相互影响的方式和过程。美国著名哲学家、教育家约翰·杜威将教学视为交互作用的过程，"当我们帮助他人在他们和我们的思维成果以及我们和其他人的思维成果之间进行协调之时，我们的教学行为才发生作用"[11]。这就是杜威为什么将教学视为交互作用的过程，而学习则是这一过程的产物。高校里教师工作内容较多，课堂教学时间有限，师生之间的认知交往多数还是以教师的单向传递为主，缺少学生对认知活动的反馈信息。师生在认知信息和情感信息

的交流中过多地受到了既定角色的束缚，情感交往缺少动力和支柱，很难建立亲切友好、宽容理解的和谐关系，造成心理关系的紧张和冷漠，不利于教育教学活动。

3. 师生关系的功利化趋势

师生关系应该是非常亲密的，师生之间在各自力所能及的范围内互帮互助无可厚非。然而，如今社会上越来越多的功利性观念极大地影响了师生关系。过去单纯神圣的师生关系已越来越蜕变为世俗的交易关系。有些学生对老师并非出于尊重或喜爱，而是想从老师身上谋取某些利益；有些教师为了评估等教学制度不得不倾向于学生。这样的关系已经背离了传统的师生关系，失去了道德约束，师生关系已经变质。

三、师生关系中心理契约的重要性

学校为了加强对学生的管理，往往会制定很多规章制度。然而规章制度中那些刚性的条条框框，并不能解决所有的问题，尤其是有争议的主观性问题。刚性的制度容易让人产生逆反心理，不能达到很好的效果；反之，心理契约则有明显优势。

1. 有利于推动高校柔性化管理

与师生间的明示相比，师生心理契约能涵括很多制度上不能解决的师生不良关系的方面。譬如制度上要求学生要按时完成作业，教师必须投入很多精力来敦促自己的学生按时完成。但是良好的师生心理契约却能简单有效地达到学生按时完成作业的目标。同时，良好的师生心理契约不管是对教师还是学生都有激励与约束功能，辅助高校的刚性化管理，完成对学生的管理。

2. 有利于提高师生的积极性

师生心理契约以满足师生心理期望为基础。由于师生心理契约以师生双方的主观期望为导向，并由师生双方亲自参与，当教师和学生之间形成良好的心理契约，教师更愿意给学生讲课，也喜欢与自己的学生交流；学生也会更愿意听教师讲课，会遵照教师的意愿来完成作业，这样就调动了教师和学生的积极性。良好的心理契约对于师生之间问题的处理会比依据制度更有效。师生之间的期望通过心理契约明朗化、合理化、匹配化，使得师生双方更加积极地去达到彼此的期望值。

3. 有利于形成优良的学风

良好的师生心理契约对于师生都有自律和激励的效应。以教师为例，教师在心理契约的履行过程中所表现出来的严谨的治学态度、高成就意识和动机水平、创造性治学方案等，对学生的为人为学、对良好学风的形成有着积极的引导、示范和激励作用。此外，心理契约的履行能够在师生间培养积极的情感，有助于师生信守承诺品格的塑造[12]。

四、师生关系中心理契约的基本特征

与一般的心理契约相比，师生关系中心理契约除了具备主观性、内隐性、动态性等特点，还有其自身独特的基本特征。

1. 非功利性

学校是非营利的组织。在学校，学生向老师求教，虽然除了提高自己各方面的素质和学习知识外，很大程度上也是为了未来就业谋生，但这并不等同于直接从教师那里获取经济利益。而教师也并没有直接从学生方面获得任何的金钱利益，只希望学生努力成才。因此，高校师生之间的心理契约极少掺杂着与金钱相关的利益关系，非功利性是其一个显著的基本特征。

2. 阶段性

学生在本科、硕士和博士等不同的求学深造阶段，由于心理成熟度、学习能力和研究能力等方面都有明显差异，学生与教师之间的相互期望与自我期望会呈现出阶段性变化的特点。因此，师生心理契约与学生学习成长的不同阶段密切相关，呈阶段性的特征。本科阶段的师生关系，属于“生”依赖“师”，老师传达给学生较为规范性的知识，属于典型的“句号”教育；硕士阶段的师生关系，属于“师”指点“生”，老师逐步引导学生，属于典型的“逗号”教育；博士阶段的师生关系，属于“师”提问“生”，老师激发学生创新，属于典型的“问号”教育。

3. 延续性

教师对自己学生的爱是默默而无期限的，学生对恩师的感激与爱戴之情也不会减退。尽管学生从入学到毕业总会离开老师走上社会，师生心理契约中某些责任也将告一段落，但师生的感情还在。师生心理契约会延续终身而不会因其学习周期的结束而终止。

五、基于心理契约的和谐师生关系的建构

1. 师生双方适时调整期望值

师生之间的期望是心理契约缔结的前提条件，心理契约成功构建需要双方的互相期望与各自的自我期望互相匹配。但是，很多时候，互相期望与各自的自我期望是不匹配的。因此，有时师生双方需要根据实际情况，适时调整各自的期望值，这将有助于心理契约在形成和谐师生关系方面发挥最大效应。

1）师生双方正确评估对方的期望及能力

师生双方应正确评估自己和对方的期望和能力。如果任何一方的评估过高或过低，都会使心理契约的实施受阻。只有双方的期望值处于匹配状态，通过信息沟通接受对方的有关期望而达成默契，从而成功地建立师生之间的心理契约关系。例如，在春秋时期，法家商鞅曾向秦孝公"游说"，商鞅先讲"王道"和"以德服人"，结果将秦孝公讲睡了。因为秦孝公所想的是如何称霸诸侯，而不是"王道"。后来商鞅改讲"霸道"，这下与秦孝公产生了强烈的心理共鸣，从此秦孝公言听计从，搞变法，富国强兵。因此，正确评估对方的期望及能力，对于师生间的关系建构很重要。

2）师生双方适当设定对彼此的期望值

师生双方对彼此的期望都是在了解之后的一段时间设定的，师生双方在对彼此设定期望时，应将期望定在有一定难度，但是可以通过一段时间努力达成的期望值上。师生双方有关的期望值在过高的情况下，彼此之间都难以达到该期望值，这就会导致心理契约违背，更严重的情况下会造成心理契约破裂，最终导致严重的后果。师生双方有关的期望值在较低的情况下，虽也都能成功地构建起良好的师生心理契约关系，但师生双方由较高期望值达成的心理契约对当事人的激励作用更加显著；而在较低期望值状态下达成的师生心理契约，对双方的激励效能则明显较弱[13]。

3）师生双方动态调整对彼此的心理契约

师生心理契约具有动态性，也就是说，师生双方在自身情况和所处环境不同的情况下，原先形成的良好的心理契约也许就会失衡。这就需要师生双方在日常生活中细心观察，及时发现有关期望的变化，调整自身的期望，使之再度平衡。这样动态平衡的心理契约关系才能构建和谐的师生关系。

2. 教师增强对学生的管理教育技巧

现在的学生虽然个性差异较大，但大多叛逆、个性张扬，且性格上有"草莓族"特点。学校的文本契约对他们并不能起到全面有效的作用，这时候心理契约提供了一个很好的切入口。教师在教育工作中建立师生心理契约须从以下几个方面进行。

1）深入学生，了解需求

学生需求是多种多样的，有低层次的，也有高层次的。低层次的需求，如温饱问题，有些学生家境贫困，学费、生活费紧张，生活没有保障。这时候就需要老师与学生及时沟通，了解实际情况，及时进行心理辅导，消除学术自卑心理。高层次的譬如学生在学校的学习生活中容易迷失方向，对自己的定位或未来的方向感到迷茫，不知道自己应该做些什么，不知道什么是自己真正需要的。这个时候教师就需要深入与学生沟通，帮助、了解他们内心的真正需求，从沟通中产生共鸣。这样逐渐产生的师生双方良好的心理契约才能够巩固而持久。

2）增强素质，以身作则

在当今知识快速更新、网络覆盖的时代，教师只有及时不断地提高自身素质，才能与时代共进步，减少与年轻学生的代沟。除了专业知识，教师还要掌握管理学、教育学、心理学等各个方面的理论知识和实践经验，这样才能更容易了解学生的世界，与学生产生共识，达成心理契约。同时，学识渊博的教师在管理教育过程中能够给学生树立榜样，对学生的学习生活起到积极影响。

3）适当放权，自我管理

对学生的管理教育，需要教师和学生双方共同努力。现在的学生表现欲强，渴望展现自我，有较强的创新精神。所以，教师应该给学生施展才能的机会，培养得力的学生干部队

伍，通过适当的放权，让学生参与到学生管理工作中来。这些学生干部在老师与学生之间起到上传下达的作用，既能及时把学生的愿望、需求反映给上级，又能够正确理解学校、教师的决定并在传达过程中给学生以解释和引导。这样的放权既能使学生很好地完成学生管理工作，又能消除师生之间的隔阂，增强彼此的信任，建立良好的师生关系。

3. 师生双方提高暗示技能和感知能力

师生心理契约是靠师生双方通过有效沟通和及时交流完成的，通过了解各自相互期望和各自的自我期望来成功缔结的。心理契约的契约化过程十分复杂与困难，因其通常是通过各种暗示完成的，这就给师生双方带来不小的挑战。师生双方既要有暗示的技能，将自己的期望等有效信息传达出去，又要具备感知暗示信息的能力，能将对方的暗示信息正确地接收并予以回馈。这是一般的师生都难以做到的，大部分的师生也许在平时交流中会有意无意地透露自己的信息或者接收到对方的信息，但是由于各自的暗示技能和感知能力一般，不能很好地暗示想要的信息，或者不能接收到对方想暗示的正确信息，这就会给双方带来很多不必要的麻烦，心理契约难以有效达成，师生关系也难以借此达到和谐。因此，有效的达成心理契约，就要求师生双方提高暗示技能与感知能力。

在学校，管理者应通过各种方式帮助师生了解各种暗示形式并学会各种暗示工具的运用，加强师生暗示技能及其感知能力的培养和开发。在教育的过程中，有时既需让对方克服某种缺点，但又不宜直言，这时可采取以迂为直、巧妙暗示的方式，在不伤对方自尊心的情况下达到说服规劝的目的。如南京某高校教授，当学生在研究或生活上出现困惑或焦虑时，该教授采用“手机画漫画”的形式，通过刻画和诠释生活与工作的点滴，潜移默化地教导学生正确看待人生，要倾听自己的内心，保护好那份纯真，从而踏踏实实地潜心学问[14]。这是成功通过暗示达成的心理契约的案例。

4. 发挥心理契约激励与约束功能改善师生关系

师生关系中存在的问题虽细微不明显，但若长期存在会影响到师生之间的和谐相处，对学生的教育工作也就达不到理想的效果。而这些问题的解决，也不可能完全依靠规章制度来规范师生双方权利、义务的有关行为。于是，一些学者开始注意到在高校师生之间通过心理契约来影响对方的心理和行为具有广阔的施展空间，充分发挥心理契约的激励与约束功能。

1）重视心理契约对师生关系的影响

师生之间的心理契约对教师和学生都会产生一定的影响。师生心理契约能够让双方知道自己在一定的环境下应该做什么，不应该做什么，它被师生认可并接受，是以最少的外部控制影响行为的手段。在日常的教学中，教师希望得到学生的认可和喜爱，学生希望得到教师的重视，彼此都希望可以被对方所接受，这就使得师生之间对彼此都有所期望，心理契约这时就发挥其作用。如果达到了彼此想要的结果，师生之间关系融洽；如果没有达到彼此想要的结果，就会产生心理契约违背和心理契约破裂。因此，我们应该重视心理契约对师生关系的影响。

2）发挥心理契约的激励功能

心理契约的实现对于形成良好的师生关系有激励的作用。高校中，我们应当充分挖掘心理契约的激励功能，通过心理契约，来有效激励学生的学习动机，通过缔约与履约过程，最大限度地对学生学习动机产生激励，一方面可以激励学生的学习行为，反过来，学生的学习行为又能够对教师产生激励，从而使得师生双方都能遵循心理契约责任项，有效减少因心理契约违背与破裂产生的校园冲突[15]。

3）发挥心理契约的约束功能

师生之间在日常生活中对彼此形成心理契约，对于教师和学生都应该充分了解到对方对自己的心理契约，在日常教学和学习过程中，对自己的行为进行约束，使得教师和学生都清楚地知道哪些事情可以做，哪些事情不能做。教师在日常的教学过程中，就应该起到模范带头的作用，对学生的学习起到激励的作用；学生在日常的学习中，尊重师长、按时完成作业也是最基本的。

5. 师生心理契约违背的处理

由于心理契约有内隐性特点，师生心理契约违背与破裂，大部分是由师生自己的主观认识。人的知觉反映有可能是客观现实，但有时也会出错。因此，在诊断师生心理契约违背或破裂时要确定是否是真实情况，是否真的违背或破裂了，还是只是由于沟通障碍或信息交流不当而导致的偏差，是主观“以为”的违背和破裂。在确定心理契约已经违背或破裂情况下，要进一步分析其原因。如果是因情况变化而无力履约的，那就要加强师生之间的交流和沟通；若是有意违背不履行师生心理契约的责任，则应进行批评教育，或者通过公众舆论来监督违约一方履行相关责任。

2008 年初，在“博导虐待学生”事件中，相关部门进行积极调查和情况通报，社会上对此事也给予了极大关注，围绕该事件的争论也愈演愈烈。在这个师生心理契约破裂的个例中，就是由于社会公众的舆论，监督了事件中老师的行为。事件结果是事件中的老师承认自己以粗暴的方式对待学生是非常错误的，已向学生道歉，并表示愿意再次为此道歉。这就是正确处理师生心理契约违背乃至破裂的一个典型案例[16]。

六、结语

构建和谐的师生关系是开展和谐教育的有力保障，是构建和谐社会的基本措施。良好的心理契约对师生良好关系形成具有重要的促进作用。对教师而言，在日常的教学过程中，发挥教师的主导作用，教师应做到正确理解教学目的，正确引导教育方向，合理规划教学过程，合理评价教学结果。教师要带头履行好自己的责任义务，起到表率作用，也要督促学生认真履行应尽的责任义务。对学生而言，在日常的学习中，应该履行学生应尽的义务，尊重师长、努力学习。只有教师和学生都严格履行自己的义务，才能形成良好的师生关系。

（基金项目：南京林业大学 2011 年高等教育研究课题，项目编号：2011C13；江苏省 2013 年高等教育教改立项研究课题重点课题“建设美丽中国背景下的高校林科类专业课程体系重构研究”，项目编号：2013JSJG039；江苏省 2013 年教育科学规划重点课题“林业院校在建设美丽中国中的特殊使命与途径研究”，项目编号：B–b/2013/01/013）

注释：

[1] 蒋子文，周睿鸣．人大教授宣布与一硕士新生断绝师生关系 [EB/OL]．2015–09–21[2015–09–28] http://news.sciencenet.cn/htmlnews/2015/9/327373.shtm.

[2] 京华时报．中南大学调查研究生跳楼事件 [EB/OL]．2015–05–25[2015–09–28] http://epaper.jinghua.cn/html/2015–05/25/content_201085.htm.

[3] 中国科学网．学生举报苏州大学数学教授剽窃论文 [EB/OL]．2014–05–16[2015–09–28] http://gz.ifeng.com/baoliao/detail_2014_05/16/2287196_2.shtml.

[4] 雷磊，习宜豪．学生揭院士评选内幕：我帮申请上院士他抛弃我 [EB/OL]．2013–11–14[2015–09–28] http://news.ifeng.com/shendu/nfzm/detail_2013_11/14/31245461_1.shtml.

[5] 彭科峰．中国政法大学男生课堂上砍死教授 [EB/OL]．2008–10–29[2015–09–28] http://news.qq.com/zt/2008/killteacher/.

[6] Chris Argyris. Understanding Organizational Behavior [M]. Homewood, Ill., Dorsey Press, 1960：17.

[7] Harry Levinson. Men, management, and mental health [M]. Cambridge, Harvard University Press, 1962：33.

[8] Rousseau,Denise M.,Anderson,Neil,Schalk,René. The “problem” of the psychological contract considered [J]. Journal of Organizational Behavior, 1998, 19 (S1)：665–671.

[9] 魏峰，李焱，张文贤．国内外心理契约研究的新进展 [J]．管理科学学报，2005，8 (5)：82–89.

[10] 郭江平，张飞文，曹威麟．一则师生心理契约违背与破裂的典型个案研究 [J]．教育与现代化，2009 (3)：51–57.

[11]（美）小威廉姆 E. 多尔．后现代课程观 [M] 王红宇，译．北京：教育科学出版社，2000：257.

[12] 朱仁发．高校师生心理契约及其在学风建设中的作用研究 [D]. 中国科学科技大学，2008

[13] 曾智，丁家永．维果茨基教学与发展思想述评 [J]．外国教育研究，2002，29 (11)：23–26.

[14] 现代快报．愤怒的导师——象牙塔里的另类江湖 [EB/OL]．2015–09–27[2015–09–29] http://kb.dsqq.cn/html/2015–09/27/content_413084.htm.

[15] 张飞文．高校师生心理契约演变及违背破裂的个案研究 [D]. 中国科学科技大学，2010.

[16] 魏凯．中山大学称博导虐待学生事件部分情况属实 [EB/OL]．2008–01–05[2015–09–28] http://news.qq.com/a/20080105/000007.htm.

作者：唐晓岚，南京林业大学风景园林学院　教授，博导，高级工程师；达俏，南京林业大学风景园林学院　研究生，上海深圳奥雅园林设计有限公司设计助理；贾艳艳，南京林业大学风景园林学　博士研究生

动静相宜

——信息社会背景下建筑学本科教学探析

陈惠芳 张一兵 张永伟

Dynamic and Static is Suitable——The Analysis of Architecture Undergraduate Course Teaching Under the Background of Information Society

■摘要：通过阐释信息社会对高校教学带来的新挑战及教学中出现的问题，本文探讨了其背后的深层次原因，并尝试以建筑设计课程教学改革案例进行研究，得出建筑学本科教学要动静相宜——既夯实基础，又多元拓展，方能应对信息社会对教学的新要求。
■关键词：信息社会 建筑学 教学
Abstract: Through interpreting the new challenges and the problems in colleges teaching that brought by the information society, this article explores the deep reason behind it, and tries to study the teaching reform case of the architectural design course, reaches a conclusion that dynamic and static is suitable in architecture undergraduate course teaching, not only solid foundation, but also diversified development, in order to cope with new requirements for teaching in information society.
Key words: Information Society; Architecture; Teaching

1 信息社会带来的新挑战

1.1 信息的易得性使学生自学能力提升

毋庸置疑，当前我们所处的世界是一个高度开放的、信息多元的社会，其中互联网的应用更是使我们仿佛搭上了信息高速列车。而随着智能手机、便携电脑在学生中的普及，互联网在教育中发挥的影响力也越来越大。比如，美国艾柏林基督教大学（ACU）2008 年提出了一个“one iPhone per student”项目，为每个入校的学生配备了一台 iPhone，该大学在过去三年之中一直在追踪研究移动设备对学生学习的影响，2011 年该大学的 iPad 研究显示，那些使用 iPad 的学生在考试的时候成绩要比没使用过的高 25%。另据报道，美国俄克拉何马州立大学、俄勒冈州的乔治福克斯大学、加利福尼亚州大学尔湾分校、北卡罗来纳州立大学等一些大学都在 2010 年秋季学期采用 iPad 进行教学。学生需要什么资料，无论置身何处只需轻点屏幕即有海量信息供他们选择。这一切，大大提高了学生的学习效率、学习兴趣和自学能力，拥有较强自学能力的学生对教师的教学也必然带来了新挑战，这促使我们的教学内容、教学方式都要有所转变以与信息时代相适应。

1.2 信息的多元化使学生知识取向多元

自古以来，建筑学作为一门与自然、社会、人文、艺术等诸多学科相关的交叉学科，其知识体系本就纷繁庞杂，而当前，来自自然科学和社会科学领域的飞速发展与变化不断给建筑学科扩充新知识并带来新挑战。信息的多元化使得学生在学习知识的过程中常常根据自己的兴趣点有所侧重，表现在对知识的取向上会对某一类或几类信息大量关注与搜集并作进一步思考，这样每个学生所掌握的知识也日趋多元。

对建筑设计来讲，其设计的起点立意也更加多元。立意从何而来？从开始塑造建筑，脑子里会很快地闪现出许多你曾经看过的、浏览过的、想到的方方面面，与现状相匹配、对基地的调研、与环境风格的匹配等等；有的资料被淘汰，有的价值被认识到，对它们进行剖析，立意开始慢慢形成了。由此可见，立意不是无源之水，它决定于人脑在认知上可以把握的范围，这一范围可以包括学生对“任务”和“建筑”的哲学、社会学、技术和审美等等的把握与表现。而上述这些正是学生从所有的知识范围，以及生活中的点点滴滴中获得的，为自己所理解的知识结构——既包括直接知识又包括间接知识。

所以，立意来源于知识，知识结构的多元差异直接导致了设计者对设计立意的多元差异。而立意作为设计之初关键的一步，整个设计的成败与否，很大一部分取决于这一个过程。真正的好的创意，绝不会只来自于设计研究本身的启发，而更多可能是来自于相关的艺术和人文领域给予设计的灵感。这样一来，面对这个信息多元化的时代，对建筑学教师的要求更高了，必须努力扩充自己的知识储备，拓宽自己的眼界，与时俱进，方能在指导学生的过程中帮助学生去芜存真；另外，对于新鲜的知识，要本着“生不必不如师”的态度，与学生一起学习，共同进步，真正实现教学相长。

2 高校教学中出现的问题

2.1 翘课愈演愈烈

近几年来，高校学生翘课现象在各校司空见惯，也不仅囿于我国，2009 年日本一所大学就免费发给学生 iPhone 手机只为查考勤，该方法确实能督促学生走入课堂，但是并无法保证这些坐到课堂里的学生真的能专心听讲。建筑学教学中学生直接翘课或课上睡觉神游的情况也屡见不鲜，据了解：一些课时周期颇长的课程，如城市规划原理等专业理论课程，上座率最高的竟是结课考试前最后的一次划重点的答疑课，而最受学生重视的建筑设计课的出席率也与年级的增长成反比。

为何我们的课堂教学失去了吸引力？究其原因，一方面是学生受到整个社会环境如普遍的社会浮躁心态、急功近利思想和享乐主义等不良习气影响，没有形成正确的人生观、社会价值观；另一方面，高校的授课内容在对真理追求、科学精神及人文关怀等方面的缺失，以及教学方式上的照本宣科，使得学生出于对现实教育的失望，再加上受到网络海量信息的吸引而远离课堂。正如电影《蒙娜丽莎的微笑》里开始的一个情节，朱莉亚·罗伯茨饰演的凯瑟琳·沃森老师来到卫斯理女子学院教授艺术史，第一堂课就遭遇了滑铁卢，她每放一张幻灯片，不等她开口，事先都认真预习过教材的学生们轮流抢着介绍幻灯所放内容，直到最后学生们一句“老师，如果你实在没有什么可教我们的，那我们可以去自学”，然后纷纷离开，留下空荡荡的教室和瞠目结舌的老师。当然，这可以理解为一次极端案例，因为我们社会的尊师传统暂时保护我们避免出现这种尴尬境况，我们的学生鲜有用这种方式在课堂上向老师发起挑战的，只是他们选择了另一种非暴力不合作方式——翘课。

2.2 抄袭防不胜防

一首 2002 年某高校建筑系学生写的“双节棍之建筑学版”歌词曾流传于网络：

双节棍之建筑学版

……

所谓雕塑感我习惯 从小就捏过米饭
什么学生设计竞赛 我都抄得有模有样
什么大师最喜欢 贝聿铭 为国争光

……

怎么改怎么改
先擦掉室外平台

……

怎么改怎么改
这样设计要淘汰
我们中国要怪才
他总不来
一条任意弧线
一张旧习惯新概念
一种激动我的思想 在浮现
一个灵感 一张我脑中的画面
一放好多年 它一直在天边

……

哈，
快使用 CAD 哼哼哈兮
快使用 CAD 哼哼哈兮
再来张小透视 百里挑一
我想用粗 6B 大师手笔
快使用 CAD 哼哼哈兮
快使用 CAD 哼哼哈兮
搞定了去休息 连夜星际
把画图当游戏 天下第一

……

快使用 CAD——哼！
我用才华进取——哼！
漂亮的大楼梯……

歌词中唱到："什么学生设计竞赛，我都抄得有模有样"——确实，现在令高校倍感头疼的是对学生的作业成果是否抄袭越来越难以掌控。而就在十几年前，互联网还未普及时，教师与学生获取信息的平台并不平等，很多学校的图书馆还单设教师图书馆——里面有最新的专业书籍和价格不菲的外国期刊，只有教师享有借阅的特权，学生图书馆的资料相对老旧，教师跟学生相比既有先几年入门的专业经验又有占有最新信息方面的优先权。所以，学生在有限的几本教学参考书里一抄即被发现。但现在情况完全不同了，随着互联网的普及，教师与学生获得信息的平台是平等的，而大部分教师因为工作、家庭诸事缠身，反而不如学生有足够的时间在网际遨游，这就导致了有些时候学生已获取了一些新鲜知识，而时间与精力相对有限的教师还不晓得，也就出现了有时评图时给的那份优秀作业在过一段时间之后忽然发现竟是一份抄袭作业。不得已，近年来高校普遍在毕业设计阶段启动电脑软件进行毕业论文的查重，以防止学生抄袭。但是上有政策下有对策，防查重的秘籍跟着也出来了。每份作业的背后都是来自互联网的海量资讯，教师就是手眼通天也难免疏漏——一不留神，那份优秀作业极有可能是抄袭所得。尤其对一些老生常谈的题目，可供参考或抄袭的资料更是汗牛充栋。

3 建筑学本科教学如何应对？

其实，上述高校教学中出现的问题都只是表象，固然有社会不良风气影响，从本质上来讲，是反映了我们教学内容、教学方法与信息化社会不相匹配且滞后。因为在信息时代，网络储备就好比大百科全书，需要的信息可随手拈来，学生不再需要死记硬背去记住知识，在实际运用中掌握常用的知识即可，在课堂上教师仍然沿袭以往按照教材照本宣科的灌输知识的方式已广受质疑，更毋庸说教材出版本身有个滞后性。另外，对教师布置的一些平庸的作业题目，由于已有大量参考答案，学生往往图省事就以少费脑筋的抄袭来应对。

我们不禁自问，信息时代的学生到底需要学什么？笔者认为，学生应该学：面对信息海洋，具有选择、追踪、思辨、掌握前沿信息的能力；面对现实世界，具有发现问题、分析问题、解决实际问题的能力。简单来讲，就是一种研究能力。而这种能力培养需要教师提供合适的作业题目以及相互交流提高的平台来实现。

3.1 问题导向的专题题目设置

在近两年的建筑设计课教学中，我们对一些设计题目进行了小部分改动，使之更富有挑战性，以激发学生的创造欲。如下列举两例。

(1) 加入专题研究的集合住宅设计

集合住宅设计是四年级的第一个设计题目，一直以来，教学状态都比较正常，但近几年来，出现了较明显的问题。学生普遍对这个作业失去创作兴趣，拿来的方案雷同的居多，最后的成果乏善可陈。究其原因：学生经过三年的专业训练，已掌握一定的设计能力，相对于以往做过的功能造型复杂的公建，对于作业要求的做三种不同套型平面和一幢单元式住宅楼，觉得相对简单，而相关的参考资料比比皆是，学生经过一番比较选择，"download"一下拿来应付教师，住宅设计被简化成住宅选型。

因此，我们针对最近的这次住宅设计进行了一次教学改革，在题目里加入了以问题为导向的专题研究部分，以提高设计难度并减少抄袭。具体做法是，每个教师出一个结合自己研究方向的专题，每个班有两个专题，学生根据自己的兴趣点选择其一。最后，本年级这次课程共有八个专题供学生选择，如普适住宅、新生代农民工住宅等，题目大多关注学科前沿及社会热点问题，具有一定的社会价值与意义。在设计过程中，学生表现得比以往更为积极，主动与教师交流的次数多了，由于这方面的研究成果比较有限，学生可资参考借鉴的东西也少，促使他们开动脑筋，认真踏实地自己动手研究思考解决问题。虽然很多方案都是几易其稿才成型，过程相当"难产"，但最终的成果却是皆大欢喜。大部分学生在教师的指导下经受了一次较为科学的研究方法的训练，提高了自己的研究能力，并且不同专题组同学之间的交流，也拓宽了他们的眼界。通过这次教学改革，使学生对住宅设计的深度和广度均达到了一定认知（图 1）。

(2) 自选产业的矿区建筑更新设计

这是本学年三年级的最后一个设计题目，题目内容密切结合学校地处徐州的地域特色——煤矿资源城市及任课教师的相关研究方向。权台煤矿原为徐州矿务集团的主力矿井之一，位于徐州东郊贾汪区境内，始建于 1958 年，共生产原煤近 6000 万 t，为国家和江苏经

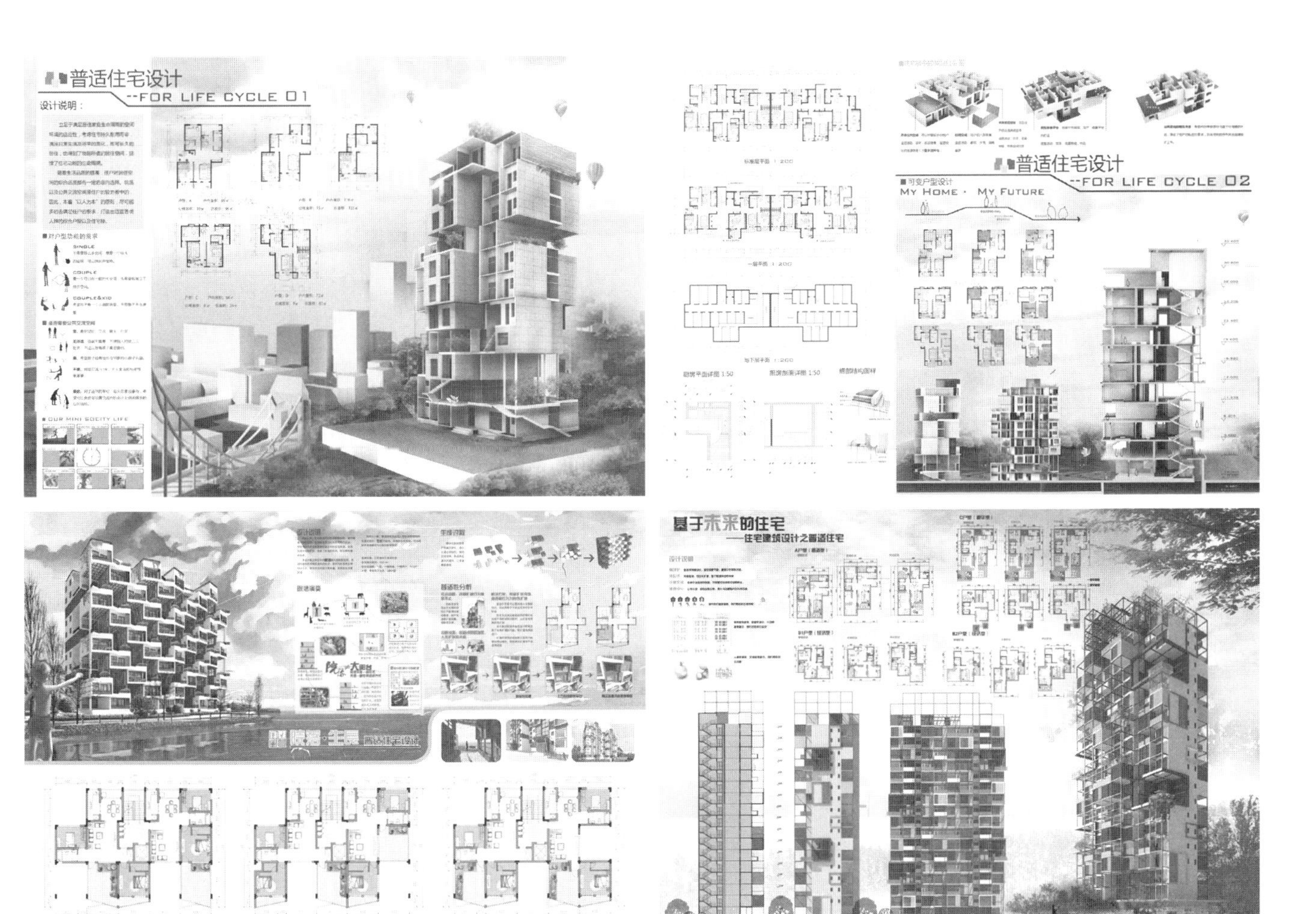

图1　集合住宅学生作品

济建设做出了积极贡献。2011 年 3 月，省委省政府决定对权台矿实施关井歇业。三千多名职工下岗分流，矿区建筑多闲置。本案在原有煤矿资源枯竭、产业急需改造升级的背景下，拟以权台矿区职工活动中心为例，从产业结构调整入手，通过对老矿区旧建筑进行更新，来引入新兴产业，增加就业机会，为日益衰败的矿区注入新的生命力，探询社会、产业、地区、建筑可持续发展之路。要求学生通过对社会环境、场地环境等综合调研分析，选择合理的产业并与对旧建筑的更新再利用相结合进行设计。

在这个题目之前，贯穿一、二、三年级所有的设计题目都是由教师指定具体设计内容，比如幼儿园、图书馆、博物馆设计等，学生只需按照任务书的要求入手设计即可。但这次的题目灵活度相当高，因为教师没有指定设计内容，而且增加了难度——要求学生前期必须经过研究比较并最终确定选择何种产业实现老矿区复兴？由于所得信息的多元化，学生对产业的选择也是大相径庭，最终的成果可以说是丰富多彩（图 2）。

3.2　促进交流的阶段汇报方式

课外，学生们普遍热衷于各种网上交流方式，如 bbs、blog、微博、qq 空间、微信等，反观一些课内情况，则暮气沉沉，交流不积极。从小学、中学教育一路走来的大学生习惯于以往课堂填鸭式的教学方式，还不能适应主动积极的课堂交流方式。在建筑设计课程的教学中，我们尝试着在阶段成果提交上做一些改变，以促进学生之间的交流，进一步提高学生的语言表达能力和思辨能力。以往的阶段成果我们采取“收草图—批改—总结”的方式，课堂上是以教师评讲为主，现在则转变为由学生进行阶段性方案汇报、教师当场点评的方式，课堂上以学生汇报为主，但在不同年级方式上又稍有区别：

①对二年级的学生，其在专业上刚刚入门，有的还没有“开窍”且不习惯汇报这种方式，就采取一种过渡形式——以学生自愿和教师指定的原则，重点保证优秀案例能在班里得到示

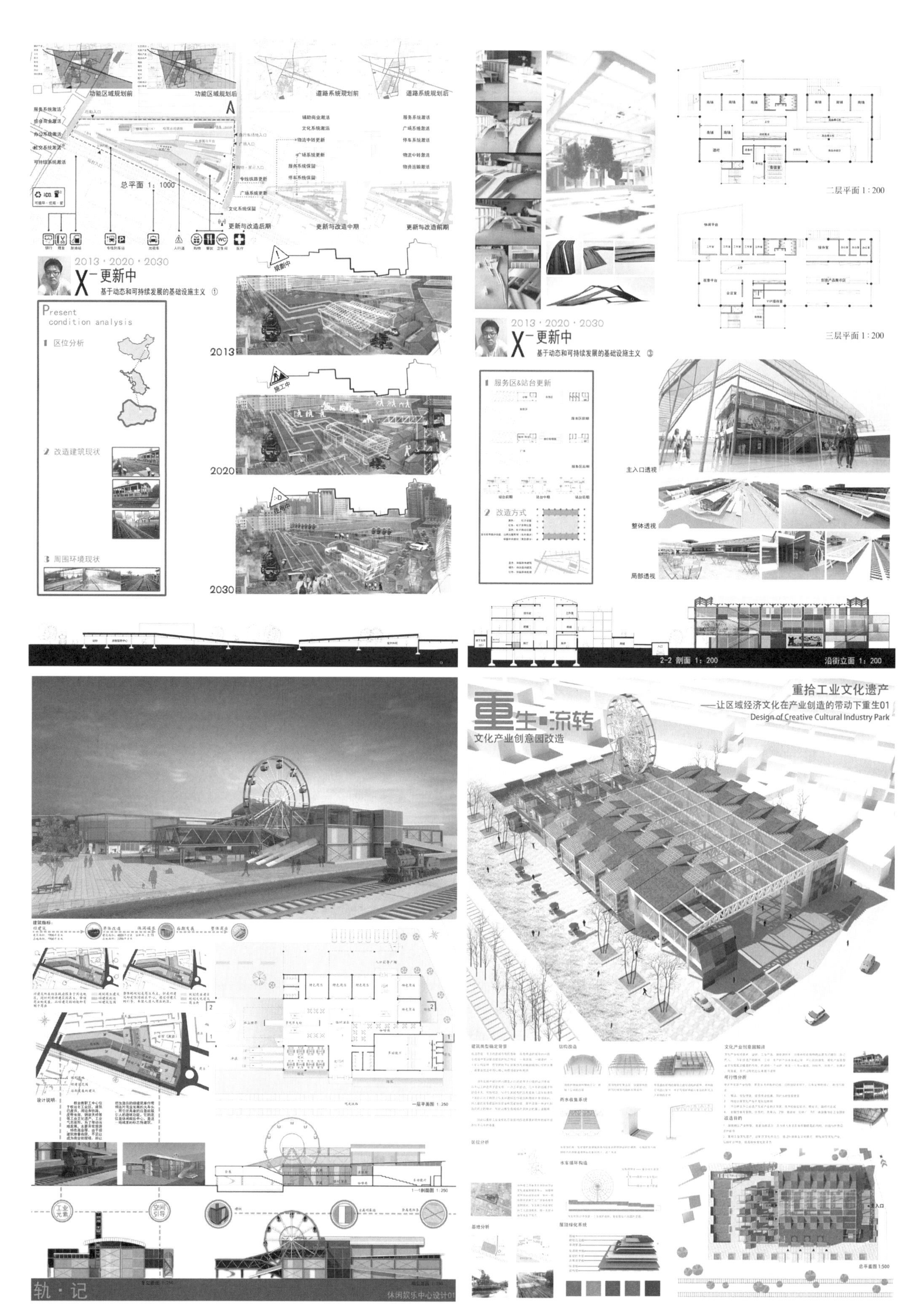

图2　矿区建筑更新学生作品

范交流，因为身边的例子对后进同学具有明显促进效用。

②对三年级的学生，则是全体参与汇报、班级任课教师挨个点评，使每个学生都得到锻炼。因为进入三年级，学生们习惯了这种汇报形式，而随着设计能力的提高，上手也快了，普遍对汇报采取积极参与的态度。通过这种方式，加强了班级同学之间的横向比较，学生在比较中学习，提高得更快；

③对四年级的学生，则从班级扩大到年级之间的交流，采取中期作业展评的方式：把本年级所有草图一起展示，学生自由观摩，年级全体教师挨个点评。

这样，通过采取二年级有选择的汇报，三年级全体汇报，四年级全年级展评以及教师当场点评的方式，在课堂上给学生创造了相互交流提高的平台，促使学生开动脑筋，互相取长补短，提高学生研究、思辨能力，从而使其面对多元化的信息而不盲从。

4 建筑学本科教学的动静之辨

通过上述建筑设计课程的教学改革，我们逐步摸索出一些经验以应对信息社会的到来对建筑学教学带来的新挑战。

4.1 夯实基础——保证空间环境命题的稳定性

空间环境设计是建筑学科研究的核心命题（图 3），建筑教育自始至终以培养并且提高学生的空间环境设计能力为主要任务，因而，空间环境作为建筑学本科教学的主体地位不容置疑。我们的建筑设计课程题目设置应保证一部分命题——专门训练学生的空间环境设计能力——的稳定性。比如独院住宅、幼儿园、图书馆、活动中心、建筑系馆、博物馆、多层旅馆等，题目相对静态，命题内容可以做小部分变动。

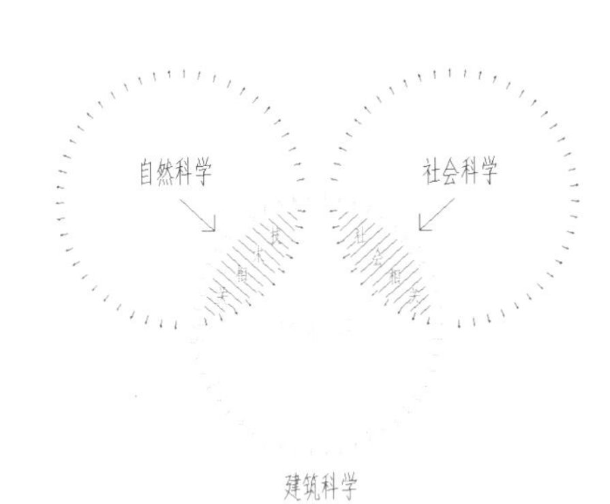

图 3 空间环境是建筑学教学的主体

4.2 多元拓展——适应学生能力的阶段性提升

每学年末，学生经过一年来多个课程设计的训练设计，能力都会有一个阶段性提升，尤其到了三年级、四年级，大部分已经打下良好基础的学生，其专业方面的自学能力不容小觑，题目要适时增加一定难度，来拓展学生空间环境设计之外的其他技能，达到全面的专业训练，也是对于自学能力强的学生和信息的多元化环境提供一个创作能力检验的出口。比如结合各种竞赛的命题，结合社会热点问题的命题，结合教师研究方向的命题等，题目相对动态，其研究内容与题目设置应该是常换常新的。

如此，建筑学教学的内容则动静相宜，既可保持一定稳定性又融入一定的开放与灵活性，充分调动学生学习的积极性和创作的热情，便于建筑教育跟上信息社会的发展步伐。

（本文系 2012 年度中国矿业大学教改课题“建筑学专业 2012 版培养方案中高年级建筑设计教学体系改革”的研究成果；2015 年中国矿业大学网络在线课程建设项目“二年级《建筑设计基础》系列课程”的研究成果）

参考文献：

[1] 陈惠芳．新时期建筑教育内涵建设与发展模式初探 //2008 全国建筑教育学术研讨会论文集 [A]. 北京：中国建筑工业出版社，2008.

[2] 陈惠芳．以三份方案为例探讨建筑教育中立意的多元化 // 全球化背景下的地区主义：“建筑教育国际会议”论文集 [A]. 南京：东南大学出版社，2003.

作者：陈惠芳，中国矿业大学力学与建筑工程学院　讲师；张一兵，中国矿业大学力学与建筑工程学院　研究员级高级建筑师；张永伟，江苏师范大学科技与产业部　科长

回顾“纯粹主义”：一种“建筑性绘画”的产生与消亡

程超

Reviewing *Purism*: The Origin and End of An Architectural Painting

■摘要：本文回顾20世纪对现代建筑形式革新产生深刻影响的现代绘画流派——“纯粹主义”——的始末，梳理纯粹派绘画的起源和主旨，通过解读建筑师勒·柯布西耶从事纯粹主义绘画时期的代表作品，阐明纯粹派绘画的方法，探讨这种建筑性绘画对于当代建筑教育和建筑实践的影响，以及短暂的纯粹派运动退出现代绘画舞台的根本原因。
■关键词：勒·柯布西耶　纯粹主义　建筑性绘画　主题物　母题
Abstract: This discourse is mainly about the cause and effect of Purism, a genre of modern art which made profoundly impact on form revolution of modern architecture. Reviewing and clarifying the origin and leitmotiv of Purism is firstly discussed. By analysis the tour de force of the architect Le Corbusier in his purism period, this article illustrates the method of purist painting. And then the article discuss the influence of purism on architectural education and practice of present age, and the primary cause of ephemeral Purism retreated from the stage of modern painting.
Key words: Le Corbusier; Purism; Architectural Painting; Theme; Motif

1920～1950年代，现代艺术（主要是绘画和雕塑）对现代建筑的发展推波助澜，其作用途径或是通过现代主义画家从事建筑教育（如包豪斯聘请画家蒙德里安执教），或是建筑师主动从事现代艺术实践。现代派建筑大师勒·柯布西耶便是其中的典型，而且是唯一一个将绘画作为日常的造型训练功课而不是业余爱好的建筑师[1]。他作为建筑师的行动近乎自觉地遵循法国新古典主义建筑师克劳德·尼古拉斯·勒杜（Claude-Nicolas Ledoux）的教诲，“如果你想成为一名建筑师，请从画家开始”[2]。实际上，柯布西耶以一名纯粹派画家的身份进入巴黎建筑界，正是纯粹主义时期的绘画实验帮助他明确新建筑形式的基本原则，并将这一原则推广到包括建筑在内的所有造型艺术形式，以建立时代的审美标准。弗兰姆普敦对这一绘画的评价甚高，纯粹主义“实际上不亚于一种综合的文化理论，致力于提倡对现有所有艺术类别进行自觉的改善”[3]。纯粹派运动以对法国现代艺术的领军运动“立体主义”的批评作为起点，以造型艺术的逻辑性为主旨，本质上反映了法国理性主义建筑思想的影响。

1 “纯粹主义”的起源和主旨

1.1 “纯粹主义”的起源：“立体主义之后”

1918 年，在一次“艺术与自由”协会组织的活动中，经奥古斯特·佩雷的引见，柯布西耶结识阿梅代·奥藏方(Amdédeé Ozenfant)[4]，“一个清明的头脑，沉着稳健，对艺术具有真正清晰的认识”[5]。同年秋，两人在托马斯画廊举办联合画展，画展名为“立体主义之后”(Aprés le cubism)，以表明其对立体主义的批判立场，不仅要指出立体主义的谬误，而且要提炼立体主义的原则，并在此基础上建立符合时代精神的新传统（图 1）。

图 1 站在热气球上的奥藏方和柯布西耶（1923 年 6 月 26 日于埃菲尔铁塔）

1907 年，以毕加索和勃拉克为首的立体派在巴黎出现，与野兽派和表现派将绘画视为情感表达相反，立体派是控制情感的理性主义画派，延续了现代绘画之父塞尚开辟的道路。[6] 塞尚对现代绘画观念和方法的革新成为立体派绘画的起点，但是立体派背离了塞尚尊重自然构图的原则，而主张以主观的结构来构图。立体派的方法是先将物体的形式破坏和分解为几何切片，然后再加以主观的组合，或将同一物体的几个不同视角组合在同一画面中，以表达“四维空间”的观念[7]。

纯粹派宣告“立体主义”的结束，对于立体派后期发展过度装饰化和玄奥化的倾向提出批评，认为这不仅背离了“立体主义”的初衷——建立一种新的认知方式，而且严重脱离现实，没有能够积极回应由战争造成普遍混乱局面下出现的对逻辑和理性的要求[8]。纯粹派认为立体主义真正值得关注的价值有两个方面：其一，立体主义绘画以基本的几何体作为造型的母题，强调构图的逻辑性；其二，立体主义画家所采用的主题物多为匿名的人工制品（瓶子、玻璃杯、盘子、吉他、烟斗等），这些标准化的“类型物”(object-type)象征着工业世界的新秩序，表达了普遍认同的观念。因此，奥藏方和柯布西耶推出“纯粹主义”这个新概念，指出现代绘画的新走向，建立现代思想的新标准，表达他们对 20 世纪不同以往的独特之处——在科学和机器中表达出力量的认识。

1.2 纯粹派绘画的主旨：逻辑性

强调造型艺术的逻辑性是纯粹派的主旨。纯粹派认为逻辑性是人区别于动物性的本质，是人类共通的规则，因此，强调逻辑性的纯粹派声称以普遍的事物作为研究对象，尝试建立一种“理性的，因而也是人的”美学，在古典主义审美标准失效之后，纯粹派尝试重建符合时代要求的艺术品评价标准和等级[9]。

纯粹派将艺术品视为一种人造物品，“它允许创作者将受众置于他所希望的状态中”，审美评价标准被认为是由于秩序的建立而带来的平衡感，是一种具有数学性质的感受，是人类的永恒需要，“无论是帕提农神庙还是爱因斯坦的方程式都实现了这一相同的人类的需求”。纯粹派区分出“快乐”和“欢乐”两种审美感受。“快乐”满足人的感官欲望，这种欲望源自肉体瞬间的冲动，并不以“平衡”为目的，相反，常常是以对于平衡的破坏为满足；而“欢乐”则满足人对生命中的秩序感的追求，是一种精神的自律和升华，是不断地在变动中追求平衡的艺术。基于这一审美标准，建筑被认为是最强烈的引发数学状态的艺术，是最高级别的艺术形式。因为在建筑中，“一切都是通过秩序和组织来表现”，而建筑中的“比例”则被认为包含着神的真谛。艺术家在画布上构图解决张力和对比以证实自然中存在的秩序，再现统治万物的力量，制定新的游戏规则，数和比例是艺术家执掌神谕的标志[10]。

以建立机器时代审美标准为主旨，基于视知觉的研究，纯粹派绘画从方法上有意识地将绘画建筑化，纯粹派画家的画幅成为建筑形式操作的实验室。

2 纯粹派绘画的方法

2.1 纯粹派绘画方法的根据：两种审美感受

“纯粹主义”以视知觉科学研究的成果作为绘画方法的依据，将人的审美体验区分为两种感觉秩序：第一感觉和第二感觉。具有普遍性的第一感觉取决于形式和色彩的单纯作用，是由基本几何体构成的造型母题。例如，一个基本的立方体将向每个人释放出相同的基本立方体的感觉。第二感觉是因人而异的，构成造型艺术的主题，具有不同的文化背景和阅历的人对于同一主题会产生不同的理解。例如，在同一个立方体上点几个黑点，就立刻向一个文明人释放出骰子的概念，而且还会产生一系列的联想，但是对于一个野蛮人而言就只是一种装饰。第一感觉是对于一种先验的、普遍的、恒定的、内在秩序的感觉，第二感觉是对一种经验的、个人的、变化的、外在秩序的感觉。纯粹派认为，历史上伟大的艺术品是那些基于第一感觉基本要素的作品，而且是它们成为不朽之作的唯一原因。[11]

纯粹派在观念和方法上要求解决两个问题：其一是对能够引发受众主观反应的主题物的选择；其二是对造型母题的选择，提供组织画面结构的几何学工具。对于造型艺术主题和母题的区分同样适用于建筑艺术，它为柯布西耶在建筑形式操作中利用建筑原型进行概念转移提供了审美的感觉基础。

2.2 纯粹派绘画主题物和母题选择

纯粹派绘画主题物的选择原则是符合机器时代要求的功能主义和文艺复兴时期建立的人文主义的结合。人体被作为选择的标准，人造的工具作为人的肢体的延伸，被选为纯粹派的主题物。援引达尔文的进化论观点，纯粹派认为人体和有机生物都是自然选择的结果，其形式符合不变的功能，并且具有某种相同的发展目标，通过生存竞争的优胜劣汰进化出最省力、最高效的系统。自然选择的规律同样支配着“机器选择”的规律，由人制造的工具的演进就是机器选择的结果，这些工具满足人最基本的需求，成为人的肢体的延伸，服从机器选择的基本规律：经济性。时代谴责工业化的罪行，并引发了新艺术运动对于机器的抵制。然而从纯粹派的观点看来，机器时代比以前更精确、更严格地运用了自然选择的规律。[12]

纯粹派认为机器选择不但造就了种种奇迹，而且建立起各种机器“正确的”形式，之所以正确，是因为这些形式都与人体尺度相关，它们的产生基于科学的研究，服从于物理规律，因此能够很自然地引向一种数学秩序的满足。从这些由机器选择产生的经过净化和提纯的形式中，艺术家找到最优秀的主题物——类型物（type-object），它们比人体更为适宜，因为人体太容易唤起人们特定的情感，而机器时代批量生产的类型物则因为匿名、平凡而普遍，因而能够尽量减少第二感觉的影响，更有效地将注意力引向第一感觉，从而创造出具有普遍性的伟大艺术。

在纯粹派看来，现代艺术的各个流派中只有立体派正确地选择了主题物，但是立体派的谬误在于，它们没有去尝试再现这些类型物的本质和符合一般规律的形式，而是将其过度分解和重构，产生了任意而且奇特的形式，不能够建立一种可以被普遍理解的造型语言，背离了机器时代崇尚普遍性和逻辑性的精神。基于这一考虑而不是立体主义的所谓在二维平面上创造“四维空间”的学说，纯粹派绘画要求再现所选择的主题物的本质特征，反对透视法的再现。纯粹派要求所再现的主题物形式应当能够完整体现其功能特征，具有明确个性，能够引起准确而普遍的反应。纯粹派绘画对主题物个性的强调与画面整体构图的平衡之间存在不可避免的矛盾，这本质上等同于建筑设计过程中形式与功能的矛盾。纯粹派绘画这种自我强加的限定造成了构图的张力，所选择的主题物越复杂，主题物之间个性对比越鲜明，建立画面的平衡和秩序的难度就越大，解决这个难题的画者就越能“再现统治自然的伟大力量”，从而越强烈地体验到“神”的快感（图 2）。

母题的选择决定绘画的几何学操作工具，需以一种严格的技术手段确保秩序和平衡的实现，避免由于主题物个性之间的冲突所造成的画面分裂。纯粹派绘画是“戴着镣铐的舞蹈”，以当代视

图 2　柯布西耶纯粹主义时期画作选择的主题物（1917 ~ 1927 年）

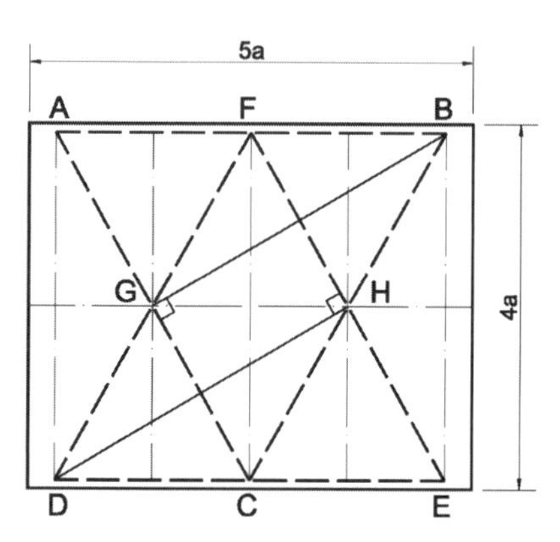

图 3　纯粹派画幅标准（注意画幅比例及控制线设置）

知觉研究的成果对绘画母题的选择进行一系列严格规定，从画布比例和尺寸的规定到控制线的选择和色彩的等级限定。

纯粹派绘画将受众置于一种特定的审美状态，进入对理想的纯粹主义世界的认知和想象。它就为这个非凡的世界打开一个窗口，画面应被理解为一个空间而不仅是平面。采用怎样的画布尺寸能够最大程度地消解观者对画布边界的意识，这个问题导致纯粹派对于人眼的视锥面的研究。基于日常空间体验及对安格尔等古典主义画家作品的研究，纯粹派发现一个经常采用的画布尺寸和比例：40cm×32cm，5 ∶ 4。这种略呈矩形的画面与椭圆形的视锥面吻合，整个界面一眼之下就可以把握。相较竖构图的画面，这种横向构图画面不易引起视觉疲劳，因而被认为更有利于对平衡的体验，以建立一种中性的有助于思考的秩序。[13]

除了符合视知觉的规律，纯粹派选择的这一画布平面具有重要的几何属性，便于控制线的设置，以决定具有最高造型价值的视觉焦点。基本的控制线是两个正三角形 ABC 和 DEF 的边线，边线的交点 G 和 H，作为两个直角（角 1 和角 2）的顶点，即标志出具有最高造型价值的点（图 3）。画面就这样被相同的三角形的边线和直角分成几块，并且通过线的暗示将眼睛引向最为敏感的点。控制线有利于将成群的主题物分组归类，确定关键点的位置，从而达到整体构图的和谐，并有利于建立协调实现细节的统一。通过在各个主题物在细节上与控制线产生平行或者垂直的关系，从而在画面上反复出现同样的倾角。同样的，在建筑立面上也可以运用通过控制线的校准从而取得构图统一的开窗。

2.3 绘画的建筑化

纯粹派绘画强调色彩必须服从于素描，因为素描符合理性的要求，是塑造体积、建立结构的主要手段。色彩这种危险的情感表达手段常常会破坏体积。正如柯布西耶在“给建筑师的三项备忘”中，将体量置于首位，出于建筑方面的考虑，纯粹主义绘画认为体量的表达优先于色彩：

总之，在一种真实持久的造型艺术作品中，最先出现的是体量，而其他的一切因素都应当依附于它。一切事物都应当有助于建筑上的成就。[14]

为了限定色彩的使用，纯粹派认为有必要根据色彩的稳定程度建立等级，与野兽派强调色彩之作为情感的自由表达相反，纯粹派在色彩问题上最大程度地显示出对于绘画之本质的背离而倾向于建筑。纯粹派绘画实质上是一种建筑性绘画：

精神在一件被称之为艺术品的东西中要求强制性的权利，艺术品是人的精神的最高表现形式，在承认这个先决条件的前提下，也就承认了建筑性绘画的必要性。[15]

纯粹派的基本动机是将绘画“建筑”化，在纯粹派作家的语汇中，建筑是一个动词而非名词。纯粹派以绘画上的造型实验来建立建筑体系的逻辑，这种逻辑性表现为两个对立原则的统一：其一是母题物的选择所遵循的个体的独立性原则，其二是整体构图遵循的平衡性原则，对于分别独立的主题物所产生的构图矛盾的巧妙解决体现造型艺术家驾驭形式的能力。

3 代表作解读：有一摞盘子的静物（1920年）

柯布西耶的绘画习惯是反复采用相同的主题物和相似的构图进行组合方式的推敲，在方法上很接近建筑设计，例如柯布西耶在苏维埃宫方案中尝试采用多种平面布局进行比较，并分别注明日期（图 4，图 5）。

1919 ～ 1922 年是柯布西耶绘画试验中严格恪守纯粹主义绘画原则的三年。“有一摞盘子的静物”是该时期的典范，是一系列相同主题物的画作中最经典的作品（图 6）。在《透明性》一书中，罗伯特·斯拉茨基曾将柯布西耶的这幅画作为典例，在与同时期建筑作品斯坦因别墅进行对照分析，认为该绘画中的空间层化现象正对应了建筑作品中的水平和垂直向空间层化（图 7）。

3.1 主题物和母题的选择

该画作主题物的选择基本符合纯粹派的原则，皆为机器时代的匿名人工制品，除了各种容器（碟子、瓶子、酒瓶和杯子）和乐器（吉他），添加了柯布西耶钟爱的主题物——书籍和烟斗。各主题物个性鲜明，对比强烈：形体上方和圆（书籍的直角和碟子的弧线）的对比，质感上柔和与坚硬（背景的吉他与前景的烟斗之间的对比，书籍和前景的瓶子之间的对比）的对比，色彩上冷和暖（前景的书籍为冷色，背景的吉他为暖色，从而加强平面化的特征）的对比。

图 4　在蓝色背景前的白色水壶（1920 年）

图 6　有一摞盘子的静物（1920 年）

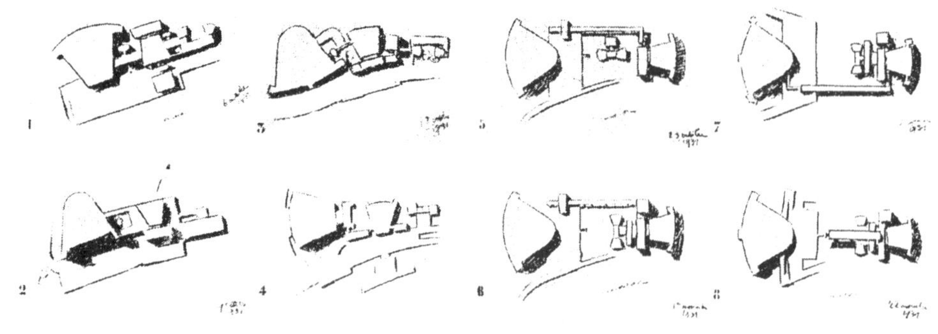

图 5　苏维埃宫平面布局草图（共计 8 张，注明了日期）

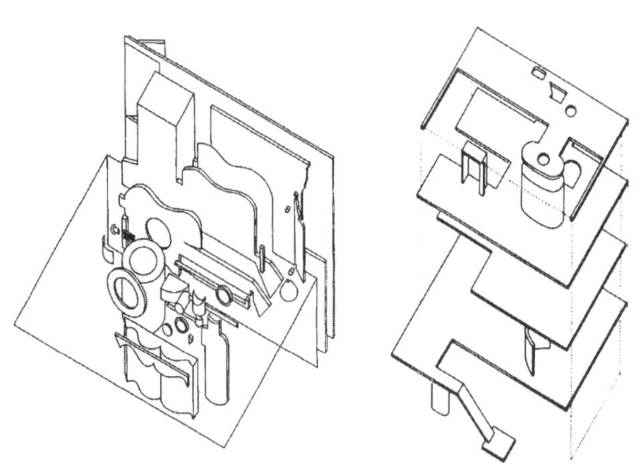

图 7 《透明性》一书中罗伯特・斯拉茨基中对于柯布西耶画作（左）和建筑（右）的比较分析

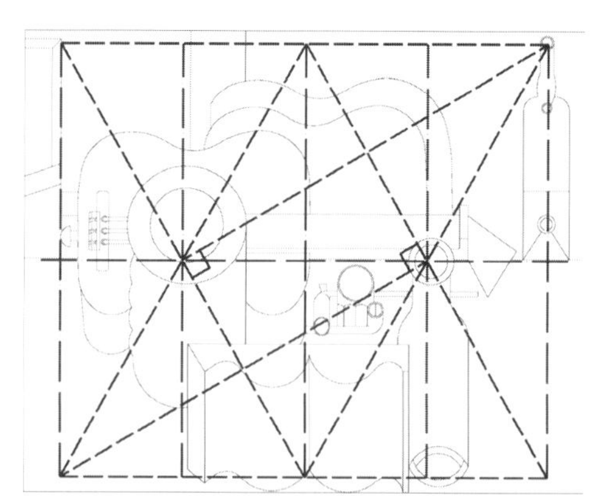

图 8　画面几何操作工具分析

画作母题的选择严格遵循纯粹派原则，尺寸是 81cm×100cm，与理论画布尺寸（32cm×40cm）比例相同，并且采用这一画布尺寸决定的几何学操作工具：两个正三角形的对叠。画面上所有的主题物都抽象为基本的几何图形——圆形、三角形和弧线，通过轴线或边线与控制线发生关系，画面中的书籍、吉他和酒瓶的局部都经过控制线的校准。画面的水平向对称轴线确定桌面和吉他的长柄的边线。画面的垂直向对称轴线确定位于前景的书籍的中脊。各个主题物细节的调整，通用轮廓线与画面的控制线发生平行或者垂直关系来实现（图 8）。

3.2　画作空间概念分析

纯粹派绘画的反透视原则以及对主题物的正面性塑造，消解了传统一点透视构图的中心，通过主题物的巧妙布置和构图的策略，画面的中心得以重建，成为最终的视觉焦点，体现“全景敞视”的空间概念。

在这幅静物画中，通过主题物的叠合，区分为背景、中景和前景三个层次。作为背景元素的门和瓶子通过画面的控制线得到准确的定位（图 9a）。前景的书和瓶子通过轮廓线的咬合结合成一组元素。中景的一叠盘子造型呈圆柱体，其圆形顶面与吉他的圆孔重合，并与吉他

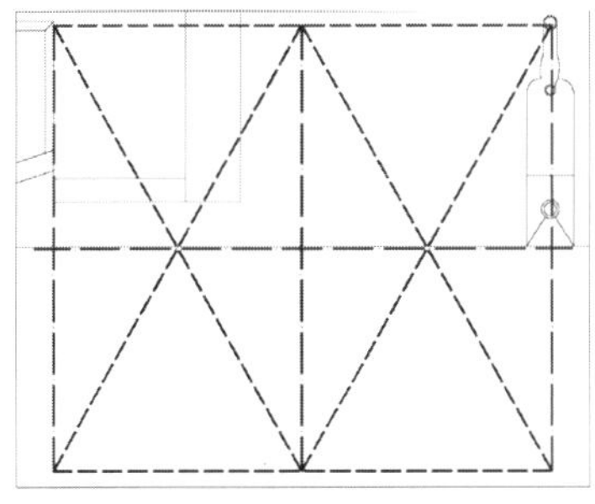

a）控制线限定背景次要构图元素

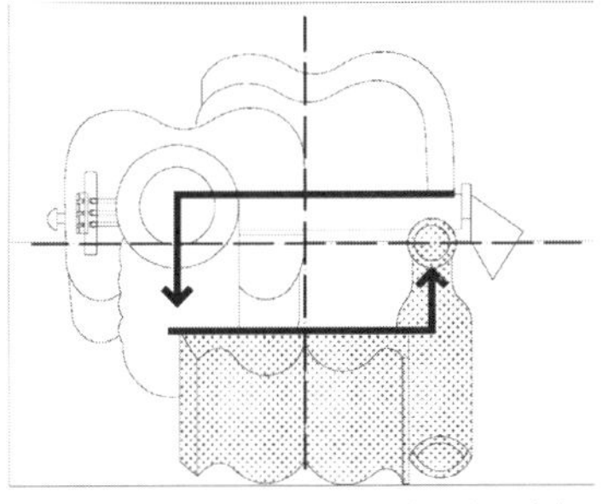

b）前景和中景的主要构图元素形成浅空间

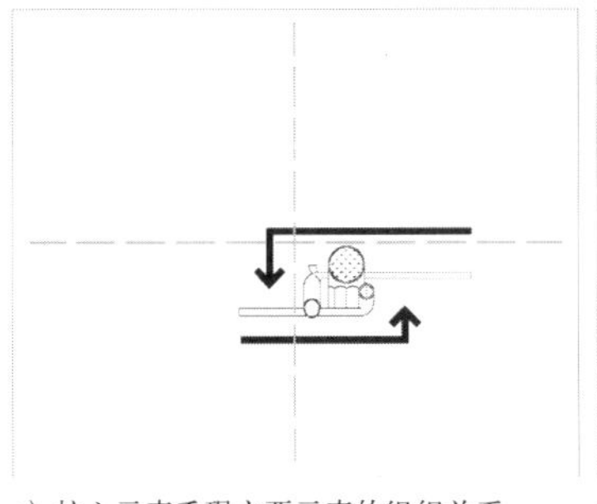

c）核心元素重现主要元素的组织关系

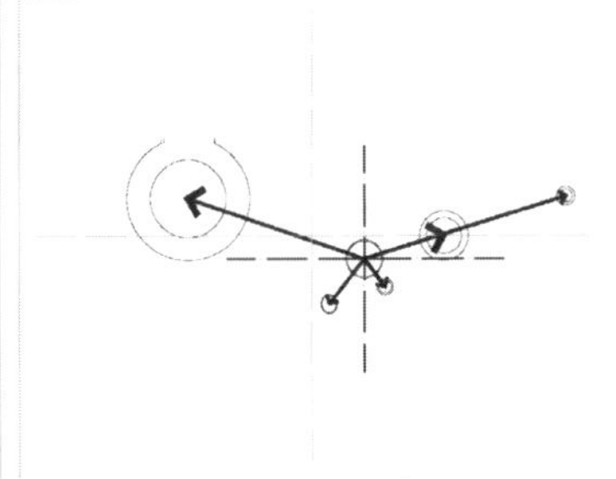

d）全景敞视空间概念的体现（中心的偏移）

图 9 画面空间组织策略和空间概念解析

的影子一起构成中景的一组静物。前景和中景这两组静物构成画面的主要元素，其基本构图呈现为两个环抱的“L”形（图 9b）。画面的核心元素是位于画面几何中心右下侧的两个烟斗环抱的杯子，其环抱的组合的方式重现了画面主要元素的组织方式，这三个物体的轮廓线精确而细致，质感坚硬，仅采用黑白二色，明确地区别于画面上的其他物体（图 9c）。在画面的“中心”重现总体上的构成，从而强化局部和整体的紧密关联，是柯布西耶在构图中常常采用的策略。此外，画面的各个主题物构成元素中反复出现同一个图形——圆形。连接各个圆形的圆心，构成由画面中心发出的放射线，再次强调构图的“中心”是两个烟斗环绕的杯子，这个中心略微偏移画面的几何中心，体现“全景敞视主义”空间概念（图 9d）。

柯布西耶视建筑与绘画为造型艺术的不同表达，两者皆关注于视知觉引发的情感反应，区别仅在于体验的方式，而不在于体验的内容。就柯布西耶的绘画而言，如何赋予相对独立的主题物个性的表达，并利用几何学操作工具将其完美地组织到平衡的画面构图中，是绘画需要解决的主要问题。柯布西耶的建筑设计中面临的问题是，如何将建筑任务书分解为各个相对独立的功能的组合，赋予各种功能空间最为适宜的空间构件形态，并利用几何学手段将各个空间构件组织到一个均衡的整体中。正如柯布西耶的绘画在空间概念上有意识地将观者视线导向画面的中心，他建筑中的空间概念是以交通为主要手段建立一种能够把握建筑整体和各个空间构件的视觉体验。无论是人观看绘画的视线还是人体验建筑的运动都无法精确限定，但对于柯布西耶而言，绘画之成功在于对观者视线移动轨迹的俘获，而建筑之成功在于对观者运动方式的控制。柯布西耶绘画的意图不是通过对情节的塑造来表达人的情感，建筑作为人的生存环境对于心理和事件的影响，不是柯布西耶考虑的重点。

4 结语：纯粹派绘画的影响和消亡

纯粹派绘画的影响在很大程度上得自建筑师柯布西耶在建筑界所取得的声誉。纯粹派将绘画建筑化的方法，极大影响了现代建筑的教育和实践。通过柯林·罗和罗伯特·斯拉茨基合写的《透明性》一文，以及“德州骑警”的教学实验得到传播，并在一定程度上促成美国“白色派”的产生[16]。但在绘画领域，相较同时期出现的超现实主义、构成主义和风格派，纯粹派绘画可谓“短命”，仅仅维持了 7 年（1918 ~ 1925 年），在第一次世界大战后即退出舞台。相较于风格派和构成主义，纯粹派显得温和；然而相较于传统的绘画，它又过于激进而令人难以接受。作为一种建筑性绘画，纯粹派绘画偏离了绘画的本质，但又不可能成为建筑，流落于尴尬的处境。

与柯布西耶相似，路易斯·康也是一名爱好绘画的建筑师，但是他对待绘画的态度与柯布西耶不同，柯布西耶推崇当代造型艺术之综合，意图以建筑统领绘画雕塑，纯粹派绘画是柯布西耶进行综合实验的媒介。在著名的演讲“静谧与光明”（Silence and light，1969）中，路易斯·康谈到各造型艺术领域在表达方式上的差异：超现实主义画家如夏加尔（Марк шагал）可以把人画得上下颠倒以表达自由的快乐，现代雕塑家可以把大炮的轮子塑成方形以表达对于战争的厌恶，而建筑师在多数情况下还是为头朝上的人设计房子，为了运送建筑材料不得不采用圆形的车轮……康认为，这并非因为建筑艺术相较于其他造型艺术形式在表达上受到更多限制，而是因为“建筑艺术有其特殊的表达方式和领域”[17]。文艺复兴巨匠乔托（Giotto di Bondone）之所以被称为现代绘画的开山祖师，是由于他继中世纪抽象的绘画之后，让绘画回归了其本质，恢复画家表达情感的特权，然而作为现代绘画演进过程中的纯粹主义绘画却反其道而行。在纯粹主义时期后，1920年代末开始，柯布西耶尝试摆脱纯粹派绘画母题和主题的束缚，逐渐转向超现实主义风格，在他的绘画作品中不断出现扭曲而充满张力的形式，主题物从日常器皿扩展到自然界万物、人和神的形象，但却依然很少见到这位建筑师画家坦率的表达情感。

注释：

[1]（英）彼得·柯林斯著. 现代建筑设计思想的演变 [M]. 英若聪译. 北京：中国建筑工业出版社, 2003：283–284.

[2]（德）汉诺－沃尔特·克鲁夫特. 建筑理论史——从维特鲁威到现在 [M]. 王贵祥译. 北京：中国建筑工业出版社, 2005：113.

[3]（美）肯尼斯·弗兰姆普顿. 现代建筑：一部批判的历史 [M]. 张钦楠等译. 北京：三联书店, 2004：166.

[4] 阿梅代·奥藏方 (Amdédeé Ozenfant, 1886～1967 年), 其父经营一家建筑公司, 采用在当时先进的钢筋混凝土技术, 通过其父的关系, 奥藏方结识奥古斯特·佩雷。他于 1903 年开始学习绘画, 起先师从亨利·马蒂斯 (Henri Matisse), 其后转向 Palette 学院, 师从 Dunoyer de Segonzac 和 Roger de la Fresnaye。1924 年与费尔兰德·莱热 (Fernand Leger) 联合开办学校, 后移居美国, 在纽约创办绘画学校, 并于 1967 年在美国去世。奥藏方所著自传性作品, 包括 1939 在美国出版的《穿越生活的旅行》(*Journey through Life*) 和 1968 年逝世后在巴黎出版的《回忆录》(*Mémoires*), 是理解法国 1920～1930 年代文化和艺术思潮的重要著作。

[5] Le Corbusier. *The Decorative Art of Today* [M]. London: The Architectural Press, 1987: 214.

[6] 塞尚使 20 世纪的绘画摆脱了古典的写实主义绘画以及文艺复兴时期发展的透视法的局限, 认为那并非绘画的真实, 绘画的本质上是二维平面上的构成, 几何体作为构成的基本素材, 一切物体都可被还原为立方体、球体、圆柱体和圆锥体。

[7] 此观点最初由立体主义的推动者阿波利奈尔提出, 后来被建筑历史学家吉迪恩誉为现代艺术中哥白尼式的革命, 并认为四维空间理论极大地启发了现代建筑的时空观念。

[8] Moos, Stanislaus von. *Le Corbusier: Elements of a Synthesis* [M]. Cambridge: The MIT Press, 1979: 39–40.

[9]（西）毕加索等 著. 现代艺术大师论艺术 [M]. 常宁生 编译. 北京：中国人民大学出版社, 2003：131–148. 该书收录柯布西耶和奥藏方共同撰写的论文 "纯粹主义".

[10] 同上, P134。

[11] 同上, P135。

[12] 同上, P139。

[13] 同上, P139。纯粹派认为无论是透过高窗、圆窗还是方窗看风景, 都会造成一种不完整的映像, 而一辆卧铺车的横向矩形窗户则能够提供令人满意的、符合正常视觉的视域, 并在古典主义绘画中发现了类似火车车窗的比例。这是典型的在古典艺术的规则和当代机器之间建立联系的例子。

[14] 同上, P146。关于纯粹主义关于色彩的研究对于现代建筑的影响, 参见：W. Braham, William. ***Modern Color/Modern Architecture: Amedee Ozenfant and the Genealogy of Color in Modern Architecture*** [M]. Ashgate Publishing Company, 2002.

[15] 同上, P148。

[16] 即 1970 年代, 由艾森曼、海杜克、格雷夫斯、理查德·迈耶等五人组成的 "白色派". 相关的背景参见：Peggy Deamer. Structuring Surfaces: The Legacy of Whites[J]. *Perspecta 32: Resurfacing modernism*. Cambridge, Mass: The MIT Press, 2001.

[17] Robert Twombly. *Louis Kahn: essential texts*. New York: W.W. Norton, 2003: 237–238. 关于路易斯·康的绘画作品, 参见：Jan Hochstim. *The paintings and sketches of Louis I. Kahn* [M]. New York: Rizzoli, 1991.

图片来源：

图 1：Jencks, Charles. *Le Corbusier and the Continual Revolution in Architecture* [M]. New York: The Mona celli Press, 2000: 121.

图 2：Moos, Stanislaus von. *Le Corbusier: Elements of a Synthesis* [M]. Cambridge: The MIT Press, 1979: 317.

图 3：作者自绘。

图 4：刘克锋 著. 纯粹主义美学的现代性 [M]. 台北：洪叶出版社, 1995：彩图部分.

图 5：Le Corbusier. *Œuvre complète*, Vol. 2, Zürich: Les Éditions d'architecture, 1995 (1964) : 130.

图 6：《现代艺术》编辑部主编. 影响世界画坛的十五个流派 [J]. 现代艺术, 2002 (特刊)：37.

图 7：(美) 柯林·罗, 罗伯特·斯拉茨基 著. 透明性 [M]. 金秋野, 王又佳译. 北京：中国建筑工业出版社, 2008：60–61.

图 8：作者自绘。

图 9：作者自绘。

作者：程超，南京大学建筑规划设计研究院有限公司 正负零工作室主案设计师

梁　雪　张　赫　陈明玉　葛柔冰　毛华松

唐克扬　魏皓严　余斡寒　刘涤宇　魏浩波

忆 1980 年代天大的设计课教学

梁雪（天津大学建筑学院　教授，国家一级注册建筑师）

2013 年 11 月中旬，我去南京参加了一次全国性学术会议（中国建筑研究室 60 周年纪念暨第十届传统民居理论国际学术研讨会）。会上有当年参与《苏州古典园林》一书测绘工作和后来参与南京瞻园修复的叶女士讲述当年参与这两件事的一些细节。会议间隙，在与刘叙杰老师的闲谈中也曾多次谈及建筑界前辈刘敦桢先生组织同仁在 20 世纪 50 年代完成的这部学术著作以及其他故事，虽然刘老师已过耄耋之年，但身体康健，仍具有良好的记忆力。

《苏州古典园林》这本书我在大学一年级时（1980 ～ 1981 年）就曾看过、读过，特别是在做一个小设计作业时曾参考其中关于园林中“鸳鸯厅”的做法和其他的园林构成手法。当时做设计所能参考的园林类资料不多，除了《建筑学报》上发表的零散文章外，这本书（中国建筑工业出版社 1979 年版）和童寯先生所著《江南园林志》（中国建筑工业出版社 1963 年版）是资料室中能够查到的、涉及古典园林设计和园林单体建筑的经典性书籍。当时这本书的定价是 30 元，对学生而言是一个月的生活费，根本无力购买。20 世纪 90 年代，我在天津某旧书店里见到该书的二手书时，一阵欣喜过后便毫不迟疑地买了下来，这时的标价已达到 500 元，据说现在已经上升到四位数了，可见好的专业性书籍也能保值的。

天津大学的教学体系曾经延续了老中央大学建筑系的教学体系，这多少和建筑系的创始人徐中先生有关。这种教学体系强调学生扎实的设计基本功和动手绘图能力，而对讲解和演说能力则重视不足。当时系里强调的传统是“多看、多想、多画”。据一些老先生回忆：“从入学到毕业人人练出一手好的速写和钢笔画的本领，历史、美术和设计是建筑系学生所喜爱的三门功夫课，称为看家的本领。计算机画图的介入对这个传统提出了挑战！”[1] 实际上，岂止是挑战，在近年“时尚”潮流的推动下，现在的建筑系据说多数已经取消本科生的水彩画写生教学与实习，更多时候是用课上坐而论道的美术欣赏课代替过去的调色板与画夹、画凳，少量的色彩训练也是在室内临摹老师给定的几张范画印刷品；有时，当我与二年级同学谈论色彩的色相和色彩的饱和度、对比度时，会面对学生一脸的茫然。

在我求学的 1980 年代初，一年级的建筑初步课已经稍有变革，对一套完全以绘图训练为主的内容（包括仿宋字、墨线、水墨渲染、水彩渲染，试图通过各种作业训练使学生初步认识古今建筑样式和建筑设计的方法）进行调整，保留了第一阶段建筑基础知识和基本绘图表现技巧，第二阶段则加强了建筑空间组合和小设计的训练，新增加的三个小设计题目为：公园里的亭廊设计，住宅起居室设计和工艺品展销厅设计。

在新增设的小设计题目中，第一个和第三个都涉及园林设计里的一些内容，而且第三个设计的基地选址就位于离学校不远的天津水上公园里（红莲岛），从地形调查开始就调动了同学们对设计的兴趣与热情。那时候大家去一次水上公园还可以顺便看看那里饲养的各种动物，毕竟不到二十岁的年龄还是“玩心”很大的；在水上公园可以实地了解当时建筑系老师们设计的实际工程，如公园大门（胡德君老师设计）、熊猫馆（彭一刚老师等设计）、长颈鹿馆等，成为我们认识建筑实体环境和建筑真实尺度的良好课堂。保留至今的速写本中还记录着那时所画的各种动物和风景。

三个设计题目中，工艺品展销厅作业的功能相对简单，主要有展厅、值班室、接待室等。教学目的是通过组织几个大小不同的室内空间让学生们了解如何在功能、环境和结构的限制下做好一个园林性单体设计。从我保留下来的作业来看，当时构想的设计是利用主要展厅和附属用房形成一个“凹形”庭院，前面再通过设置矮墙和凉亭构成一个围合性空间。这样，人们在参观工艺品的同时还可以欣赏小院内外的各种园林山石与植物。而建筑体量和外观则采用了两种手法，一种是在主要展厅和观景凉亭中采用古典园林建筑的语汇，其余建筑则采用了当时普遍使用的现代语汇，如在次要展厅和连廊使用平顶屋面等（图 1）。

当时带我们设计组的是胡德君老师，我作业中表现的这种将传统与现代相结合的处理得到了胡老师的肯定，曾动手改过我设计中的道路系统，同时向我推荐了《苏州古典园林》和《江南园林志》等参考书，提升了我日后对古典园林研究的兴趣；而当时班上更多的同学采用的是对现代手法和现代材料的应用。

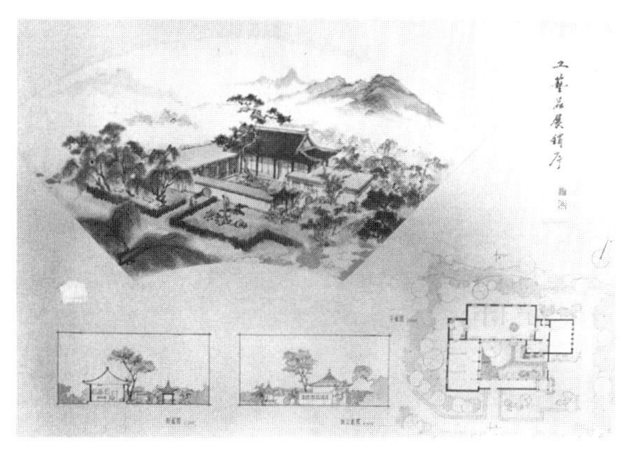

图 1　一年级所作“工艺品展销厅”设计作业

图 2　胡德君老师所画草图

胡老师的家乡是四川自贡，身材比较高大，从外表上看不出是四川人，他和彭（一刚）老师、屈（浩然）老师、沈（天行）老师是大学同班同学，几位都是极具个人特点与才华的老师。由于那时胡老师兼任建筑系的副主任，平时显得有些不苟言笑的样子，后来与这位老师接触多了，特别是 1984 年毕业设计时，我与另一位同学（李子萍）被抽调到胡老师身边，作为助手帮助他完成了全国人大常委会办公楼的设计（主要是绘图工作），颇为惊叹胡老师处理设计大型公共性建筑（十余万平方米）的能力和处理协调周边复杂环境（人大会堂、天安门等）的能力，体会到胡老师的亲切和对学生们的关爱。胡老师对古典园林也深有研究，后来曾给天大研究生开设“园林设计”课，并出版专著《学造园——设计教学 120 例》（天津大学出版社）一书[2]（图 2）。

第三个小设计做完不久就放假了，第二年春季（1981 年），美国明尼苏达大学建筑系的学生来天大做短期学习（11 周），系主任拉普森（Rapson）教授同时来校讲学。这位教授是密歇根大学的校友，当我 2001 年在密大访问时又曾遇到他，他对在中国天津的经历依然有美好的印象。

比较有意思的是，这批美国学生在天大主要学习的是“中国古建筑设计”和水彩画，当时有童鹤龄、张文忠等先生负责辅导，尽管那时自己英文说得并不流利，多有词不达意的地方，但还是充满好奇地去看这些美国留学生如何画图。那时老师采取的方法依然是手把手地改图，这些美国学生在几位中国老师的指导下所完成的作业依然使用了古典渲染风格的画法和水彩画法，据说他们来中国就是想了解和学习这种在美国已经“失传”的技法。

据童鹤龄先生后来撰文回忆：“在某些特殊情况下，也还需要采取手把手的教学方法。”“当我提到关于学习中国古建筑设计和水彩画时，他们要求给予更多更具体的指导，要求动手改图，他们承认这两门课他们太生疏了。”[3]

后来整理手里保留下来的、当年设计课老师指导我们设计时所作的草图，找到一张彭一刚老师带我二年级图书馆设计时所作的示范，其中既有对建筑外部造型的修改，也有对室内空间布置和内部公共空间气氛的控制，这种改图对二年级学生来说，要比讲一堆设计原理更实际、有效，也使我较早认识到家具尺度、建筑尺度、室内空间、建筑造型等问题。时间一晃就过去 30 年，当我把这份草图和草图复印件拿给彭先生看时，他很感慨地对我说：“那时候老师课上改图都随手送给学生，没有自己保留的习惯，所以徐中先生（建筑系创始人）晚年想找张早期草图都找不到！”随后彭先生在草图纸的空隙签了名字和日期，递还我继续保留（图 3、图 4）。

从 1987 年毕业留校到现在，我还在延续着天大老师给低年级同学改图的习惯。近几年为了避免以后找不到当时“改的草图”，多把原图自己保留起来，给同学一份复印件留作记念。

在我求学的 20 世纪 80 年代，我很庆幸遇到了天津大学那么多比较负责任的老师；尽管古典渲染绘图目前早已被电脑绘图所取代，水彩写生也成了明日黄花，但我还会在有兴致

图 3　左下图为彭一刚老师所改建筑外观

图 4　彭一刚老师所改室内布置和大厅效果

的时候裱张水彩纸、再渲染一张自己熟悉的中国古典园林，或与古建筑测绘的师生一起去画些水彩写生画。

有时我也在想，1980 年代所熟悉的建筑材料、结构体系已经变化很多，很多设计手法也不“时尚”了，但 1980 年代培养的这班人并没有被时代所淘汰，很多人对新造型、新理论同样“玩”得不赖，师门中的很多人现在都成为“大师”或“院士”了。古人早就有“艺成则贱”[4] 的说法，只要人的思想不保守、不僵化，没有小脑萎缩，这些师友们可能还会继续在这一领域“玩”下去。

大学教育尽管不同于过去的私塾，也与过去传统技艺中的拜师学艺有着很大的差异，但仍然只是一个“师傅领进门”的过程。无论是 20 世纪 80 年代的四年制还是后来的五年制，在如此短的时间内要想了解已经发展几千年的建造和营建技艺根本没有可能，想要在快速发展的今天始终追赶建筑潮流也是既无可能也无必要的事。实际上，每代人都有每代人的责任和使命，特别对于受到社会和政治等方方面面制约如此之大的建筑学科。至于进门之后，你是传承师道、发展师门，还是改投其他门派，那都是你后来的人生选择，只是每个人在大学教育中所得到的一些基本学养、个人修养会伴随你的漫长一生。

注释：

[1] 荆其敏，张丽安编著．透视建筑教育 [M]. 北京：中国水利水电出版社，2001：147.
[2] 胡德君编著．学造园——设计教学 120 例 [M]. 天津：天津大学出版社，2000.
[3] 童鹤龄．从指导美国留学生的工作中看培养独立工作能力的问题 [J]. 天津大学学报，1982（增刊）：132.
[4] （扬州八怪中）《新罗山人像》中的题跋，是华岩的学生复述先生的话：“虽然画艺也，艺成则贱。必先有以立乎，其贵者乃贱之而不得……”

相关专业学生那些抹不掉的“建筑设计”记忆

张赫（天津大学建筑学院　讲师，注册城市规划师）
陈明玉（天津大学建筑学院城市规划专业　本科五年级）
葛柔冰（天津大学建筑学院环境设计专业　本科二年级）

笔者（张赫）2001 年进入天津大学建筑学院学习，14 年专业历程，从求学、工作，到如今已成为我院城市规划系的一名老师。但是每当我回忆起一、二年级的建筑设计课程，总是感慨良多。也许这也正是我们这些以建筑学为背景的相关专业（城市规划、环境设计、风景园林）毕业生的根基和共同记忆吧。于是，笔者与我院五年级城市规划专业学生陈明玉、二年级环境设计专业学生葛柔冰，聊起了这一话题，也希望从有工作经验后的完整体会，经历过后的初步体会和正在经历的体会，三个角度佐证我们的那些“建筑设计”的记忆吧。

我院所有专业的学生本科一、二年级都进行相同题目的建筑设计训练，这就引发了我们的思考。

第一个话题：“相关专业的学生为什么要学习这么多的建筑设计课程，而不是本专业相应课程，这岂不是浪费时间？”

葛柔冰：其实，我现在根本就不知道有没有用，全当做一个基础了解吧，老师安排了应该有他的道理。我想我要 10 年以后才有资格回答这个问题。

陈明玉：说实话，大学初期，我会被这样的观点所动摇，甚至质疑学校的教学安排，但随着时间的流逝和自身专业水平的增长，才慢慢发现自己已深深地受益于启蒙阶段的建筑设计学习。

张赫：我所学的专业城市规划的核心就是空间与土地。建筑学背景的训练，恰恰为我们奠定了良好的空间感、尺度感和整体的把握能力。这也是我们区别于经济地理背景、园林园艺背景和人文社会背景的城市规划专业学生的最大优势。而这正开始于最初的建筑设计。

第二个话题：那么“建筑设计为何能在方方面面影响我们的专业学习？它又给了我们怎样的记忆和终身收获？”

首先，是大一的基础训练和尺度感培养。

葛柔冰：觉得大一的作业中，“大师抄绘模型”和“一个人的空间”是培养尺度感的最重要的两个作业。虽然由于不同组交流上的隐形隔阂，经常有不太懂“为什么要这么干”的情况，但是这两个作业教会了我读图、画图的基本功，知道了人体尺度影响的基本范畴，却也养成了对大师设计的喜好和崇拜。

陈明玉：回想建筑设计是从大一的第一个作业“人体尺度认知”开始的。我们通过米尺与手绘图纸表达人的正常活动所需要的空间范围，感知人的行为活动特点。而我觉得这恰恰是让规划师理解人的行为习惯，创造生活舒适、便捷的城市的起点。而第二个设计“建筑实体构造与变形”，让我们用实在的材料搭建迎新站，除了构造和材料的选择，更重要的是让我们认识到了功能以及其与场地的协调关系，让我们去创造适宜人们使用的公共空间。可以说大一阶段的学习是为城市规划专业打开一扇大门，而从实际的动手和调研入手感知小尺度的空间设计，领悟空间的尺度感，很明显是我此后规划学习的重要保证。

张赫：虽说量变会引起质变，巨大而复杂的城市使得城市规划专业需要关注经济、社会、政治等更多、更宏观的领域，可是谁也无法否认城市是由一个个人和一座座建筑组成的。因此，那些对人的尺度和建筑的功能与形式的把握永远是我们规划城市的基因和细胞。不同于前两位同学，我的大一作业记忆是从“仿宋字训练”、“钢笔墨线表达”、“水彩渲染”和“色环制作”开始的。可是回想起来正是这些扎实的基本功训练，培养了我们认识、体会、表达世界的思维方式。当然，我们那时也做了“纸质模型桥梁”、“我的家房间陈设模型”、“九宫格空间建构”、“工会小广场环境改造”等一系列“准建筑设计”。正如两位同学说的，对材料特性、人的空间舒适和建筑室内外的环境关系等的学习和训练，也为我后来的规划设计学习养成了理解城市特性、感受开敞空间、注重内外联系的意识和习惯。

其次，是大二的建筑功能布局学习和空间感培养。

葛柔冰：大二的作业虽然只做了两个，但是我也已经深刻体会到通过交通空间组织其他空间，建立三维形体的重要性和复杂性。尤其是对立体交通流线的把握总是不到位，做得挺“死板”的。感觉难的恰恰是怎么样体会人在空间里面的感受，比如做个吊顶、下沉什么的到底会是怎样的效果，产生什么变化，有什么适用条件，等等，都是缺乏思考和答案的。

陈明玉：大二学习的主要内容是进行建筑面积不断增大的建筑单体设计，如艺术家工作室、幼儿园、售楼处、图书馆。四个不同类型的设计除了训练建筑形体构造外，更多的是让我们了解建筑内部功能的合理安排与布置，以及建筑与城市空间的对话。每一个建筑空间其实是一个缩微版的城市空间，生活与对话每日不断地在小小的建筑空间里发生与变化，正如不断完成自我更新与发展的城市一样。通过不断更改与绘制建筑的总平面让建筑与城市公共空间形成更好的互动关系；而立面的设计让我们想办法使建筑与城市周边环境和谐共生，融于城市生活。同时高强度的手绘图纸与模型制作训练除了加强我们的动手能力，更锻炼了我们对空间的塑造与整合能力。

张赫：天津大学工会——我的第一个真正意义上的建筑设计，虽然已经记不太清具体的样子，可是始终记得第一次体会立面设计、剖面设计，第一次画透视效果图，以及最不能忘怀的第一次熬夜。那次三天三夜的赶图让我第一次理解了自己的职业，第一次记住了老师总是念叨的“使用”、“功能”、“面积”。直到后来的功能分区、人的活动、容积率，我们设计的作品虽然越来越大，却始终也没离开那个起点。

第三个话题：说完了受益，那么“第一个建筑设计中的那些抹不掉的趣事呢？”

葛柔冰：第一次做真正的建筑——艺术家工作室，我们中的大部分人都有一个输在起跑线的失误——对艺术家的职业定位和需求分析不足。一方面是由于我们远离艺术家圈子，也没参观过几个类似的工作室；另一方面，也确实是没重视这个核心的“概念”问题。

张赫：记得当年熬夜通宵，只是为了把自己最初的“那个想法”实现，大师作品、往届优秀作业、向师兄师姐讨教，终于弄出了一个自认为“最满意”的设计。第二天上了设计课，老师点评：“你这个方案，装上四个轮子，推到哪都行，还是改成小卖部吧！”现在回想起来，当年无限的尴尬，却也让自己从此养成了从基地出发，从环境、现状、需求入手的习惯，为后来的规划学习，带来了永远的财富。

陈明玉：回想趣事，更多的是发生在评图的时候。一年级组的所有老师常常齐聚一堂，来“捣乱”我们的建构作业。他们会让体重最重的老师在我们设计的拱桥上上下蹦跳，还“坏坏地”邀请更沉的同学一同上桥检测，摇晃我们的承重柱……以此检验设计质量，并督促我们要么减肥，要么成为最灵巧的胖子。

总之，那些抹不去的建筑记忆，不论何时、何地，其实都在我们的内心里，我们的设计上，我们的生命中。

忆当年·忆设计（选自嗯微问答第197期）

毛华松（重庆大学建筑城规学院）
魏浩波（贵阳建筑勘察设计有限公司　西线建筑规划设计研究院）
刘涤宇（同济大学建筑与城规学院）
余斡寒（四川大学建筑与环境学院）
魏皓严（重庆大学建筑城规学院）
唐克扬（中国人民大学艺术学院）
（以上排名按发言顺序）

您还记得当年最有感触的一个设计吗？

这次设计缘何让您印象深刻？是一种启发，抑或是一种变化？是一次不同的经历，抑或是带您走进建筑殿堂的一次深刻历程？当时有没有关键的人和事（老师或者什么事情）带给您观念上、学习上的转变？

当我们在毕业后的实践项目中“千锤百炼”之后，回头来看，您现在又如何评价当年稚嫩的想法、理念的雏形，以及设计的起点？随着时间的推移，您的设计理念产生过哪些变化？和当年的那个设计历程之间是否依然还有相关？……

毛华松：我做的第一个小区规划是邓蜀阳老师带的，也是我从业过程中很有收获的一次实践。刚好对应这次提问的语境。

说说观念吧。老师带进门，修为靠个人。邓老师当时更多地跟我交流些住区规划的普遍性知识及城市设计方面的一些认知。当然那时（2000 年），好像资本在西部还没有那样强势，小区组团规模也在百亩左右，没有现在动辄上千亩的规模。因而每次我就画四五个各组团总平，而后和老师抽抽烟、喝喝茶，听听他的评价，特别深刻的是关于空间质量方面的评价。而后再继续这样的过程……一直到完成。这算是我的第一次正式实践，遗憾的是不知道实施情况如何。

魏浩波：印象最深的是，刚开始做乡土工作时经验较少，施工现场出错后常很被动，惯常的做法是针对出错点，分析其隶属的材料系统与结构系统，酌情取舍，或再介入一套新的系统来调整。

新农村建设项目花溪摆陇苗寨民俗综合体（图 1）在施工时，围合椭圆形院的弧形墙体原为混凝土现浇，但当地农民施工组称弧形现浇太费工费时，自作主张将局部改为砖填充，结果导致椭圆形腔体单一的混凝土材料系统被迫转换为作为受力支撑的混凝土材料与作为填充的水泥砖材料两种材料关系。若坚持原定的结构理性原则，腔体的整体性将被破坏。

与此同时，村里自制的水泥砖砌筑的某些功能空间由于水泥砖质量不合格，雨天墙体大量渗水，外墙露明的作法不再可行。于是将这两个问题统一思考，决定将材料系统原定的结构理性原则调整为整体性原则，从当地盛产的石材中仔细筛选出价格低廉、在不同天气有不同质感的层积岩青石板，切割成 60mm × 240mm × 6mm 的薄片，对建筑整体敷面，形成单一的、对气候变化敏感的敷面系统，当然敷面的规格确定也是基本对大多数基层材料为砖材的事实，至于椭圆形院当然也由此顺理成章地整体敷面，只在其圈梁顶部刻意局部露明混凝土材料。

通过这次教训，在以后的实践中我们学会了将被动的将错就错调整为主动预防。

黄陂洞烈士纪念场（图 2）几段混凝土墙体的施工控制就蓄意组织了预防措施，由于该项目地处偏僻的山野乡村，投资仅三四十万元，施工队伍技术力量也相对较弱，尚未有处理清水混凝土的经验，该处使用自拌混凝土材料，基于几点考虑：1）该地交通运输极为困难；2）该地高温高湿，腐蚀性强，石材也易变色生霉；3）自拌混凝土易就地取材，并易与山体环境默契；4）混凝土材料无需维护，天长日久，可生成所期望的沧桑感。

自拌混凝土墙体的施工控制防线为：1）图纸上与现场交底详细交代模板的规格、浇筑方式与脱模剂的使用，并与施工队共同确定施工方案；2）对地段四角严格控制浇筑的垂直度与水平度；3）刻意组织一群有序布点的红色五星群阴刻于混凝土墙体上。

这三道防线共同形成两套有效的预防体系：防线一，在于向施工队灌输严格的施工意识与有效的施工技术；防线二，通过控制四角进而确保地段的整体性；防线三，用鲜红的五角星群有效地将有可能大面积爆模的坍落现象转化为与五角星群共同配置的、有意味、有质感的墙体。最终的结果是大面积爆模如预想一样被有效控制。而在赤水烈士陵园纪念馆，因

图 1　花溪摆陇苗寨民俗综合体

图 2　黄陂洞烈士纪念场

为考虑墙体为涂料，大面积涂料处理不好则易开裂，更难保平整度，在设计时就预先将外墙调整为密条方式，当然这种方式必然是被纳入到整个空间系统考虑的了。

魏皓严：以下是刘涤宇老师十年前写的“我的建筑认识历程——去年给一位网友的e-mail”，我个人很喜欢，复制粘贴在这里，便于同学们直接阅读：

刘涤宇：我的建筑认识历程——给一位网友的e-mail。

xxx，您好！

谢谢你的信任。我想这里就谈一谈我对建筑认识的历程吧。我出生在美术世家，最初对建筑的认识不容易摆脱一些“构图”啊、“美”啊之类的传统观念。读大一的时候开始认识到现代主义建筑的发展历程，知道了四位大师以及阿尔托等著名建筑师及其作品，知道后现代主义但对其方向持保留态度。由于我本身有一定美术基础，又是以高考状元的身份考入的，所以一年级的课程应付起来是比较容易的，以至于养成了一点故步自封的不良习惯。

大二开始做设计，对设计的理解还局限于“平面＋立面”、“功能＋形式”的公式化创作套路，而对功能没有充分的把握方法，找不到让我心里有底的设计方式。而做立面设计的时候就是把根据功能生成的平面用一些手法进行处理。这基本就是我现在在“走出手法”这篇文章中抨击的设计方法。靠我的小聪明和美术功底，我的设计没有低于过80分，但也没有超过86分。大学几年最大的收获是对人生思考的逐渐成熟，至于设计，我也算不上努力，大学几年几乎没有成型。老师们评论说我的作业看一眼就能知道是一个有才华的人做的，但进一步再看就会发现非常不完善、不成熟。

毕业的时候考研失败，而且设计挂掉了，这对我打击非常大，让我知道仅靠小聪明做不了一个好的建筑师。于是接下来的毕业设计我一改原来的风格，做了一个四平八稳得有些过分的方案，但对方案可实施性作了很深入的研究。一个从毕业设计时候才开始认识我的老师评价我做设计是基本功扎实但没什么灵气，和之前的老师对我的评价正好相反。毕业设计我得了个90分，也算是高考拿了个最高分入学后，在最后毕业时也有了个不错的成绩，善始善终了。

这个时候我对建筑的领悟有了第一个飞跃，认识到建筑“形体”是建筑形式和功能的统一之所在，于是建筑设计开始试图从形体入手，功能和形式的设计完全同步，却经常会擦出一些空间的火花。可是，毕业后过于现实的工作让我没有在这个认识飞跃的基础上进一步。

刚参加工作3个月之后，单位就让我作为专业负责人搞定一套施工图，在单位的历史上是没有过的，但我完成得很好。不过单位的设计水准的确不敢恭维，看到同事们拿着十年前的《建筑学报》抄里面早已过时的方案，深切感受到这不是能够让我有充分施展的地方。我在1995年学会了电脑效果图制作，这也好也不好，最大的不好是从此以后我在单位成了一个画效果图的而不是搞设计的。

离开单位时和领导搞得比较僵，档案关系没有能够顺利拿出来。以后3年在石家庄做室内设计，在一个很低的层次上起步，工作没什么值得称道的，而且完全没有可以交流的人（也正因为这样，我在1998年登陆ABBS并迅速获得了一定的知名度）。唯一值得一提的是河北献县天主教堂，这个设计表现出我的超常耐心和深入研究、不搞清楚誓不罢休的精神。这也是我一直对这个项目有感情的原因。说实话，古典建筑不是你“贴”点装饰就成的，其大的体形关系把握，外墙的出进比例都要仔细研究，入口处用双层墙的办法终于搞出了一定的效果（因为真正的古典建筑墙都很厚，用一般的“24”乃至“37”墙想搞出这种效果是不可能的）。

2000年我到同济大学读硕士，刚到那里就感到多年的封闭让我自己的视野变得非常狭窄、非常落后，于是我努力适应新的环境。我的网站上那些“绍兴柯桥小学”、“淮阴中学”等建筑设计，就是那种努力想赶时髦但却怎么看怎么蹩脚的作品，是很失败的；后来的“沉思的庭院”、“亚明艺术馆”试图有突破，但仍不成熟。其实那几年我除了读书之外，最大的时间和精力放在了画效果图上，毕竟已经拖家带口，保证收入是必需的。

2003年硕士毕业后，我才逐渐淡出效果图行业，把主要精力投入到了设计上。我在一个好朋友的设计咨询公司工作，很快适应并且做得很好。但由于工作的性质，在对项目的统合把握上和操作上还缺乏经验。

这段时间得益于和一位法国建筑师的合作设计经历，让我学会了基于问题而不是基于手法的建筑设计思路，这可以认为是我对建筑认识的第二次飞跃吧。

2004 年 4 月开始加入一位同学的公司做合伙人，在开始阶段，对项目的整体把握还是有几乎不可逾越的障碍，差一点让我的合伙人们对我失去了信心。那一段时间我自己的压力也非常大。到了 9 月，终于自我感觉可以把握并去除这一障碍了。从此以后，我便成了公司无可争议的首席项目负责人。今年上半年做的秦皇岛四联邸工程我认为是一个值得纪念的标志性成果，虽然仍然有很多缺陷，比如内部空间仍然缺乏灵活性和连贯性等。

我想对你说的是，要在建筑领域有所作为，最重要的是坚持，永不放弃。我的大学同学有很多人才华出众，有些甚至是我一直嫉妒而感到不可逾越的；他们现在都混得还不错，但现在看到他们的设计我都不敢相信，这么说吧，水平不错的还是很多的，但让我感到眼前一亮，甚至不可逾越的已经早就不存在了。大多数人到了一定高度之后就懈怠了，停止了不懈的追求，最后不可避免地沦为年轻人不得不表面上尊重但在背后暗笑的人物。庆幸的是，直到今天我还一直在坚持着，在可以预见的未来我也会保持这样。

致

礼！

刘涤宇

2005 年 11 月 20 日

余斡寒：我本科时期的建筑设计成绩是大起大落的，以三年级上学期两个设计为例，第一个 95 分，相当于“优 +”，紧接着就是 65 分，勉强及格。估计这里没人像我这样。

我对自己的每个设计都印象深刻，原因是做得少了，就可以反复回味，就是反刍了。前年刚入群答过一次，做小学，也能对应本题。不过还是乏善可陈，继续看各位的答题。

魏皓严：我大学成绩不行，那时候只读 4 年，我到了大三下才拿“优 -”……前几年完全是晕的，设计的时候就是乱画一气找感觉。我的记忆有点混乱了，现在能想起来的大概有这么几件：

（1）三年级时帮老师打工，是做一条街道的规划。根本不知道该怎么做，就一个街区一个街区地画建筑、广场、台阶与树什么的。心里很忐忑呀，不知道怎么做才是好。某一晚画着画着突然就想，我自己走进去会不会感觉舒服呢？然后就开始凭着各种记忆（亲身的、电影的）来想象自己身临其境的感觉。这晚对我很重要，我把这种方法叫做“体验想象法”。

（2）读研时看设计方面的书，主要就是在自我练习体验想象法（每种方法都是要反复训练的），对建筑或城市细节的体会深了很多，有时候还需要画上一画。

（3）后来因为朋友张弢的介绍，看库哈斯的设计，最开始几次真的有点懵，怎么有人这么做设计啊？（这段记忆有点乱，先这么写着吧）正好被另一个很重要的人反问什么是“系统”，又同时在看重庆大学出版的《自然辩证法》里关于“系统”的章节与福柯写的某本书（很无厘头混搭是不是），就一下子明白了“系统”是怎么一回事，也开始明白了结构的价值。这样的话，理解库哈斯或者其他高手的设计就不那么难了。同时也知道了体验想象法的局限。

（4）之后进入了对社会不满的阶段，开始看政治经济学与社会学等方面的书，觉得设计很无力，对社会没什么价值；最有力的还是政治经济与文化这些东西。

（5）最近几年又觉得设计其实很有力了，重新专心研究城市形态，目前很喜欢做形式分析。那天与朋友金鑫聊天，发觉有点不谋而合（当然了，他不见得同意我的意思）。觉得城市形态后面没有什么所谓本质的政治经济这些东西，如果一定要用“本质”这个概念的话（其实我已经不相信这个概念了），那就是互为本质，形成了一个本质的循环给予模型。

最后来两句总结吧：第一，我现在真心觉得笨笨的方法其实学起来最快最好。就是很笨的方法，比如一笔一笔地“描”这种。第二，使用逻辑。无论是设计还是理论，逐字逐句地推敲其逻辑推进关系。一开始会很慢很痛苦，逐渐的就会心里很舒坦了，仿佛打通了任督二脉似的。第三，大胆地胡思乱想。故意不遵守逻辑，“胡乱整”，这个对于设计师很重要。也就是通常说的天马行空（现在叫“脑洞大开”吧）。其实所有的脑洞大开后面都有紧密的逻辑和价值观在起作用。

余斡寒：很赞同总结的第一条，不过这可能很个人化。我自己常常觉得“最笨的办法就是最好的办法”。

不过需要补充说明一下，“最笨的办法”也不一定是字面上容易被理解的那种。比如上大学时候也跟潮流打算画一次所谓的细图——用钢笔墨线排线的办法表现水面和草地，幸好被当时的老师制止了，他认为达到这种表现效果用水彩或者水墨渲染一下子就解决了，建筑表现要考虑效率，还是要为设计服务。这个倒是一直很影响我，当然说不上是设计思路了。

唐克扬：路易斯·康说过，英国史的第零章是他最想读的。我一直都记得这个轶事。

英文传记中"千锤百炼"、稚嫩的想法、理念的雏形……这些说法好像都不太容易翻译。我在想我们为什么喜欢用"不太成熟"、"稚嫩"来形容一个人的早年。杨李获诺奖时都三十岁左右。李好像是历史上第二年轻的获奖者。戊戌六君子的年龄，核心人物如谭不过三十三，最小的林才二十三，硕士研究生啊。

余斡寒：(1) 上学时候有感触的设计很多了，不过每当我陷入回忆，重新一一感触的时候，都会想起大一的一个设计，其实还不算是建筑设计，只是一个平面构成作业。评图的时候老师指着我的作业对着大家说：这位同学将来的设计思路会是一条路走到底的那种。我就好奇呢，怎么看出来的呢？后来大二、大三、大四……到现在，还真是呢，一条路走到黑。

(2) 刚入学的时候，有研究生和我们座谈，说本科学习要到大三会有个飞跃——我们那时候是四年制。大二都是模仿或者叫"山寨"大师，自然是当年的那一批了，常常在资料室抄绘，抄久了也有点腻烦。过了大二那个暑假——其实也没有再看什么建筑大师作品集，在苏州园林、水乡画画快一个月，周围城市转一小圈，大三的第一个设计从一草构思开始就像换了一个人，秋高气爽的感觉，按自己的思路走下去……交了图好久，回头再看，到处还是学来的各种"招数"，但渐渐像是自己的本能了。

这次带的本科设计课程就是大三的，也还是设计学校里的图书馆，转眼都25年多了。我后来也没有真正设计过图书馆，不过最近刚刚实施完成的自贡一个综合楼，现在看和25年前的这个接得上呢，从"飞跃"到"落地"？还是"一条路走到黑"？

(3) 读研的时候做了个小学，在广东阳江海陵岛，前年在"NV问答"里提起过，那次是谈和甲方的关系。因为基地不大，假想了一种立体的校园空间，自名为"廊的小学"，也算实现了一个大概。前年做个学校投标，又这么折腾，结果被涮了。一条路终于走到黑了！

(4) 教学之余做设计，实现的机会确实很少。十来年前自己的住宅搞装修，"一怒之下"，把外面没机会使的劲儿都用在屋顶花园了，方寸之地。最大的感触是，自己当自己的甲方，固然不会被涮，但是每一分钱都是自己掏呢，材料和施工也得自己落实；模型上还把花架梁做了些几何构图的对位考虑，了解了那些木材的规格后，考虑自己的钱包，觉得直截了当一根整料上去最好。木柱的做法也是从省钱的角度考虑的，三块板合起来比一根方木便宜好多呢，中间还可以半根，正好穿插木梁。这种省钱搞法折腾完还显得很有建构趣味，工头也不觉得烦，还拍照说要推广到别家去。以前看刘家琨文章中有"把建筑放在了生活里"那么一句，用作我在自己屋顶这一番折腾的感触，好像也挺合适。

对于木柱的固定做法有点后悔：被工头忽悠直接放进砖砌的墙垛里了。要是早认识"磉"字就好了（解释：磉，即柱下的石墩）。

徐玉姈
（淡江大学土木工程学系）

台湾地区绿建筑实践的批判性观察

Critical Observation on Green Building Practices in Taiwan

■摘要：本文的研究目的在于指出，国家在以经济发展为导向的永续环境政策下，推动绿建筑方案时，采取以技术规范来标准化规划设计的方向中，专业者以绿建筑评估指标作为回应永续环境议题政策的策略有其局限，并论证其藉评估指标机制企图引领建筑规划设计思考所欠缺的开放性创新内涵；文末并提出技术规范之外，以"批判性地域主义"（Critical Regionalism）思维作为推动绿建筑其他选项的建议。

■关键词：规划　设计　工具理性　专业者反思　绿建筑　批判性地域主义

Abstract: This study aims to show that the use of a green building assessment index to achieve environmental sustainability yields limited effectiveness, despite the government's efforts in implementing economic policies to promote environmental sustainability and in using technical guidelines for standardizing the planning and design of green buildings. We also argue that using an assessment index for the planning and design of green buildings lacks an open-minded, innovative context. Finally, this study proposes that critical regionalism should be practiced in addition to using technical guidelines to promote the planning and design of green buildings.

Key words: Planning; Design; Instrumental Rationality; Practitioner Reflection; Green Building; Critical Regionalism

一、前言

在地球环境危机日益加剧之际，绿建筑已经是建筑界最热门的话题。如今，国际建筑竞图若非以绿建筑为诉求，几乎难以登上台面；许多先进国对政府部门建筑物也逐渐强制要求绿建筑标章认证，对绿建筑案件进行融资、降税之优惠。最近，绿建筑的教材已被纳入国中小的教科书中，我政府之环境教育法也将绿建筑内容列为强制环境教育课程之一。建筑界的事务一向以艺术成就而孤高自赏，追求英雄表演而自外于社会，如今因为兴起负担环境责任之绿建筑热潮才受到社会史无前例的重视，过去视绿建筑为妨碍设计与增加麻烦的建筑界，现在如不积极融入绿建筑的行列，显然难以开创永续之未来。（林宪德，2011：92）

发表于台湾《建筑师》杂志的这篇短文似乎是台湾绿建筑已在当今社会位居重要地位的索引，其中透露了包括政治、经济、建筑实践三个面向的现象，首先，因地球环境危机日益加剧而推动的绿建筑被认定是先进国家的作为，若不以此为诉求将难以开创新局面，因此是政治正确的选项。其次，取得绿建筑标章认证，不只是一种先进的环境思维与责任，还涉及产业的新兴及诸如融资与降税等利多优惠方案，是活络经济的触媒。再者，绿建筑被指称不只是建筑专业的讨论，它透过学术研究与媒体宣传而普及，几乎成为永续发展（Sustainable Development）环境规划设计的关键词，且是一个“工具理性”（Instrumental Reason）[1]的技术规范，成为检视设计必要的一环，本文将之称为“台湾地区绿建筑实践”。

台湾地区绿建筑推动已经二十年[2]。自欧盟成立以来，在追求“永续发展”（Sustainable Development）作为保护环境目的的口号下，台湾开始推动绿建筑发展，整个开展历程存在着以技术规范为主、看不见其他可能的迷思；在政府与产业交替投入呼应永续发展议题的策略下，专业者在制定与执行绿建筑规范过程中扮演了关键的角色；无论是从政府以经济发展主导环境政策架构所产生的新产业，到以亚热带物理环境条件决定绿建筑相关工作的僵化机制，乃至其以引领建筑规划设计思考发展方向的企图，皆因缺乏对话而抑制了其他的可能。在这样的脉络下，绿建筑评估机制是否保护了环境的永续性？建筑专业者在响应绿建筑议题发展时，是否唯有技术导向的绿建筑知识内涵？本文尝试将“台湾地区绿建筑实践”置入政治经济的关系中思考，借“台湾地区绿建筑实践”的观察，论证经济发展主导下的绿建筑知识建构与执行绿建筑相关工作时的产业与政治利益关系、将绿建筑的论述局限于技术内涵的危机以及其在规划设计思考上技术规范优先的根本立场。反省其机制制定与运用之局限与危机，进而指出专业者在面对绿建筑相关工作时反思的重要性，以及以批判性地域主义作为一种评估机制选项以外的环境规划设计价值。

本文分三个部分。第一部分讨论绿建筑做为永续发展环境政策一环的时空条件与政治经济背景。回顾欧盟所发起的永续发展如何在台湾形成环境课题，透过研究机构发展论述、借由媒体宣传形成社会共识，进而由政策性推动而全面地开展绿建筑实践。第二部分，阐述专业者经研究拟执行的这套评估机制在制定与操作上的现实，论证绿建筑评估指标订定应用范围所牵动的绿建筑产业链接与建筑专业的变化；在操作性问题上，专业者在响应永续发展环境议题时选项的局限；在分级绿建筑标章上，从其所表扬的政治正确选项，到奖励、交换制度的空间消费等，都指出专业者在面对解决执行绿建筑相关工作时对“先前理解”缺乏“专业者反思”（Practitioner Reflection）[3]。第三部分，绿建筑知识转化为绿建筑评鉴机制运作的同时，除了更具体化专业知识产业、经济产业以及政府政策三者之间紧密的经济扩张关系，也呈现了新环境设计类型的脉络，然而，发展成工具理性以便与政策结合的绿建筑评估指标机制，成为主导永续环境规划设计的方法，正是其无法形成深刻文化进而影响建筑规划设计思考的主因。无法或刻意地拒绝发展成工具的批判性地域主义（Critical Regionalism）[4]内涵所关注的创新观点，应能给予陷入泥沼的绿建筑实践注入活力、开拓方向。

二、绿建筑相关产业的政治经济关系

欧盟（EU）[5]是最早针对气候变迁议题拟定整合性策略的组织，减碳是其主要的目标，强调其需与能源相关政策同时进行，以新的能源政策及改善欧盟的经济竞争力为方向。京都议定书建立了碳市场交易机制以限制污染，除了存在政治协商的结果，碳交易机制让减碳的目标转换为产业经济动力，绿建筑相关产业扣合减碳效益价值带动了新的经济发展局势。这项创举看似颇具新意，一举两得。但纪登斯（2011）在《气候变迁政治学》一书中却指出，我们仍难以评估它在限制碳排放量上所产生的效果。在环绕着减碳效益的台湾地区绿建筑产业政策中，可以观察到面对环境议题以产业经济发展为策略的相同思维。

1. 因经济市场结合的欧盟与永续发展议题

欧盟组成很重要的基本概念是建构在经济互利与政治联系上的[6]，而这种共同利益透过1980年永续发展的环境议题使得各会员国的跨国合作更加紧密。

虽然早在1962年《寂静的春天》发表之后环境主义就应运而生，然而欧盟对环境的重视迟至1973年才展开。自1973年以来，因第一次的世界能源危机，才开启了第一环境行动方案（Environmental Action Programme，EAP）[7]。自欧盟开始关注环境保护和可持续发展议题[8]以来，环境保护开始受到重视。在全球个别的论坛及会议所发表的文件[9]中，城市被视为污染比较集中的地方，改善其能源消费所产生的效应，一致被认为将对全球总体生态环境平衡具有重大的积极影响。而建筑工业与全球气候变暖的因果连结，使得环境的健康与污染问题直接与建筑工业扣合在一起。随着欧盟主导性渐强，其在国际环境谈判中所达成的决议，除影响欧盟整体及个别欧洲国家的发展，更成为台湾研拟环境政策重要的指导原则。欧盟发布的环境报告启动了各国各项的研究资助计划，而这一系列的研究计划中的许多资金投入了建筑行业，这些成果，包括研究计划的结论、相继发布的法令规章，因应环境问题而产生的建筑产品，对建筑专业的执行内容产生一系列的影响。

透过欧盟宣传的环境议题，在1987年，单一欧洲法案明确化先前《罗马条约》所欠缺的环境政策部分，同年12月，联合国成立世界环境发展委员会，并着手整理世界环境问题，集结成果发表的《我们共同的未来》，指出发展与环境的高度相关性，呼吁双"e"，亦即经济（economy）与生态（ecology）的结合，提到"环境不再是成长的阻碍，反而是维持成长的必须策略"，把环境与经济成长合理并置。1990年联合国政府之间的气候专门委员会首次对全球气候变迁进行评估，作为两年后巴西里约地球高峰会的前置准备；气候变迁的评估结论呼吁各国实施永续发展策略，此时永续发展思维尚未具体成为有效的行动方案，1997年，第三次缔约国大会通过京都议定书，正式将特定污染排放量的限制与经济制裁配套，环境议题直接进入必须以技术手段面对的阶段。

2. 台湾地区面对能源危机采取产业转型的简历——产业利益立基的政策推动观点

在台湾地区，1973年第一次世界能源危机发生后，1974年提出"十大建设"，利用发展内需加强投资意愿以应对因能源危机导致的不景气；1979年第二次能源危机，台湾地区以"十年经济建设计划"回应，并在1980年设立新竹科学园区，以优惠政策鼓励高科技产业的发展；1990年第三次世界能源危机，台湾地区以台湾"建设6年计划"回应，并在1997年设立台南科学园区，强化投资环境。从这个脉络看来，能源议题在台湾，自1973年以来至今已存在近40年，在每一次的能源议题的应变中，"发展"皆是最奏效的政策，足以快速带动经济，解除政府执政危机。在整个应对的过程中，不同的需求转化成发展对策以一再更新的经济成长指标来面对大环境的萧条，却不曾将发展所肇致的环境议题放在政策中思考，即使在1973这一年，能源、环境以及建筑的课题在欧盟就已经开始以各式各样的形式被讨论。台湾在1979年"经济部"能源委员会正式成立后的1980年，才成立的环境保护局，而建筑业作为经济的火车头，渐自成为思索如何因应环境的对象之一。

在历次环境危机的议题中，台湾多以新的产业类型转移试图解决既有产业对环境的污染，并借由另一波产业的研发开展更巅峰的经济成长，成功地转移对环境议题的根本关注；1980年的新竹科学园区带来信息科技兴起经济的成功经验，1990年，在台南又出现一个看似为均衡城乡发展而设立的科学园区，以科学园区空间规划为据点建造绿色硅岛愿景，这些看似响应了环境议题并成功产业转型的方案政策，很快地产生新的污染与环境问题[10]。然而，新产业、新经济指标总是比思考环境保护的议题更有利益基础，何况保护环境已成为经济成长的基本成因。最近一波的绿色能源产业成为解套1990年第三次能源危机的环境思维，同年"内政部"营建署所研拟的"建筑技术规则一建筑节约能源规范草案"等就是台湾以省能技术研发跨出绿能产业第一步的最佳说明。这些因应其背后的经济诱因可由政府针对绿建筑政策推动后陆续计算公布的产业利益资料中得知。

首先是知识产业，自1987年"内政部"建筑研究所筹备成立以来就不断委托专业者进行规范研拟，自2008以来，连续三年更以每年约2500万的经费投入研究，生产出各式各样的报告书，其中，"政府科技计划绩效评估报告一绿建筑与永续环境科技纲要计划"，架构了绿建筑知识应用的方式。在经济产业方面，政府端出的经济效益是，2006年7月建筑技术规则的修订以来强制规定采用5%的绿建材，当时绿建材年总产值估计可达31

指导老师点评

台湾地区的绿建筑从理念倡议到成为建筑的生产的审议机制，从奖励到责任的过程中，改变了建筑生产的过程，同时也影响了建筑设计的表现与争议。

本文回顾了这一段发展的历程，但是也指出建筑的"设计"核心职能之一，因此而受到创作上的限制等等。部分的建筑设计者将"绿建筑"规范成为静态的数字管理的机制，或是产业化为政治正确的流行价值观，或是在行政审查程序中成为"对号入座"的奖励项目，获得更多的建造容积。这种种的质疑远大于在设计表现上的种种限制。作者回顾了"批判的地域主义"的设计论述中，指出了地方议程、对于敏感于科技议题取向的设计发展机会，或是务实的城市愿景下的评估机制的建构等等。这样的话，建筑设计扩大了建筑生产的内容，也跨越了建筑设计的"红线"，需要更多的知识与技术的理解，以探讨建筑设计的能量。

扩大来看，面对气候异变极端气候对于在地的挑战，绿建筑所依靠的"零碎式绿色主义"确实无法响应当下所面对的议题；甚至"生态城市"已经来不及响应。全球性的种种"灾难"所推动的"危机城市"似乎比较接近成为新的都市发展议程表上的主轴论述。建筑专业所参与的不同尺度的都市规划与设计似乎是这个议题的核心，我们要如何重新整备我们的知能呢？

黄瑞茂

（淡江大学建筑系，专任副教授兼主任）

亿元左右。在第二阶段的生态城市绿建筑推动方案[11]施行期间，针对绿建筑标章数量过少的问题，更强制要求公共部门建筑物需通过绿建筑标章才能结算验收。随着 2008 年美国金融风暴，在刺激消费的目标下，2011 年联合国环境规划署（UNEP）环境部长发表了绿色经济计划，希望每年能在十大领域投入全球国内生产总值（GDP）的 2%，大约是 1 兆 3000 亿元，以协助世界经济体系朝向低碳、高资源效率的绿色未来前进（经济日报 2011/02/22）。2009 年初，"行政院"公共工程委员会在振兴经济扩大公共建设投资计划下以四年五千亿所提出的落实节能减碳执行方案中规定，所有公共工程建设项目必须包含至少 10% 的绿色内涵（应用范围包括绿色环境、绿色工法及绿色材料），同年 7 月，台湾无论新、旧屋的室内装潢，绿建材的使用比率全面提升至 30%，大幅增加绿建材的需求。接续而来的是 2010 年"行政院"的智慧绿建筑推动方案[12]，以强调优质永续节能减碳建设的推动，透过节约能源科技的研究，喊出 2011 年为"智慧绿建筑启动年"的口号。节能减碳目标下的经济思维是，环境保护等于经济发展。绿建筑政策乃为一项不断因应产业动态调整的过程，"行政院"透过研发奖励及辅导，鼓励绿色技术发明，借此带动绿建筑相关产业发展的方案仍持续地在推动。也就是说，促使政府由上而下推动绿建筑相关产业的因子中，经济发展诱因乃是推动绿建筑相关政策最为关键的力量。

3. 台湾对永续发展的思考与绿建筑政策的定调

"永续发展"这个名词经过媒体的报道，成为众人热烈讨论的用语，也逐渐成为人类共同的愿景。随着 1990 年欧洲环境署的成立，永续发展热潮让台湾为了向现代化国家迈进、与永续议题接轨，在面对《二十一世纪议程》挑战下，1997 年成立的"行政院国家永续发展委员会"，将绿建筑列为城乡永续发展政策的执行重点，也依据了永续发展的基本原则、愿景，并参考各国及联合国的《二十一世纪议程》，在 2000 年 5 月正式拟定通过永续发展的策略纲领，以作为推动永续发展工作的基本策略及行动方针。纲领中明确指出："……为响应及追求此一目标方向，我们的热忱绝不落人后。"不论是在学术界、政治圈、民间团体或媒体中，"我们只有一个地球"、"拯救地球"等观念与口号透过媒体被大量散播，以环境保护为名的建设发展成了 1990 年代最政治正确的议题之一。接续 1980 年"工研院"委托专家学者所进行的建筑节约能源研究，1989 年"内政部"成立建筑研究所筹备小组，1990 年进一步提出建筑外壳耗能量（ENVLOAD）作为建筑外壳节能设计标准，正式与 1990 年的第三次能源危机转向能源的研发扣合，乃至 1995 年节约能源正式拍板成为法制化规范。1997 年受到联合国气候变化委员会签署《京都议定书》的影响[13]，在《京都议定书》通过之后的 1998 年，在加拿大召开了"绿建筑国际会议"，同年 5 月"经济部"召开第一次台湾"能源会议"后，讨论气候变化纲要公约发展趋势及因应策略等议题，研订兼顾经济发展、能源供应及环境保护之能源政策，并订定具体减量期程与节能目标，让绿建筑政策成为全国能源会议住商部门因应策略下的一环。绿建筑标章制度自 2000 年建立到 2004 年透过将其中的评估指标明订为"建筑技术规则"的条文后，全面地与建筑实务工作及人们的生活发生关连和影响。

在第一波为期六年（2001 年 3 月至 2007 年）的绿建筑推动方案[14]中，政府自豪于台湾地区拥有亚洲第一个绿建筑评估系统，亦即台湾地区的 EEWH（生态、节能、减废、健康）系统是全球第一个在亚热带发展出来的绿建筑评估体系，但即使如此，2005 年耶鲁大学执行提出的"环境永续指标"（ESI），中国台湾却在 146 个国家和地区中排名倒数第二（林俊德，2005；黄凤娟，2005）。这样的成果带来执政危机，促使台湾地区在 2008 年投入总经费 20 亿，以"生态城市绿建筑"政策回应建设永续环境的决心。认为将政策发展层次扩大至生态小区与生态城市的范畴，并加强奖励民间绿建筑的推动，就能达到土地永续、降低都市热岛效应的成果。在环境保护议题笼罩下的建筑相关工作，似如专业者所言，"在地球环境危机日益加剧之际，绿建筑已经是建筑界最热门的话题"（林宪德，2011）。绿建筑作为对抗城市污染永续发展的基础俨然成型，然而在台湾永续发展以经济发展为主导的绿建筑政策下，绿建筑成为透过专业者研发可行性评估报告，继而以技术规范带领附属于产业发展下的环境规划设计关键词。

三、绿建筑评估机制的制定、操作限制与危机

欧盟基于经济与环境结合的永续发展议题讨论带动了绿建筑相关产业的市场，台湾地

区对环境的重视以及绿建筑政策的制定的经济诱因已在前述中说明。在整个绿建筑成为台湾地区重要政策的过程中，工具理性（Instrumental Reason）一直主导着实践的方向。这首先与专业者如何因应绿建筑的议题有根本的关系；其次，透过绿建筑政策研拟以及将绿建筑以资源与材料生产的面向作为定义[15]，巧妙地带出了其中相应绿建材产业链的微妙变化；除了将绿建筑全然等同于技术规范与绿建材使用之外，将评估指标视为客观科学以作为检视空间生产是否为绿建筑基准，也有被批评为伪科学（Pseudoscience）[16]的隐忧。在这样的基础上，由知识论述产生规范机制的过程不仅衍生了其他问题，在追寻朝向亚热带地方性建筑特质的思考以及提升台湾地区绿建筑成为一种对抗全球化的运动，随即变得不再可能。

1. 政策主导、专业者贯彻的绿建筑评估机制

1998 年，为因应《京都议定书》之后可能的经济制裁，“内政部”建筑研究所制订了“绿建筑与居住环境科技计划”，进行绿建筑相关研究，在“台湾绿建筑政策评估”一文中提及，其研究结果不但成为后来推动方案依循之基础，“内政部”建筑研究所亦与成大建筑系合作，发展出适合台湾环境的绿建筑评估指标（丘昌泰、吴舜文，2011）。所谓适合台湾环境，主要在于亚热带气候条件之物理环境。这个历程中，推动方案之主管机关为“内政部”，但实际上由其幕僚机关建筑研究所与“营建署”负责。建筑研究所负责公有绿建筑之推动，包含委托专业者办理绿建筑相关研究、绿建筑及绿建材标章之法制作业、旧有绿建筑改善工作、推动台湾地区绿建筑制度与国际接轨、“优良绿建筑”甄选等活动，这些研究与案例的表彰对专业者执行业务时的绿建筑相关工作思维有重要的影响。民间绿建筑推行与行政命令发布，则由“营建署”负责。方案制定先由建筑研究所起草，经建会召集相关部门商讨，最后送“行政院”核定，整个推动方案涉及“内政部”、“经济部”、“环保署”、“公共工程委员会”等诸多单位，在正式人员仅有 4 人，其他人力派遣、博士后研究等约 15 人之情况下，整体工作与策略拟定可谓由政府主导方向、专业者贯彻执行，“建研所与学者专家关系良好，许多绿建筑研究计划的推行、绿建筑技术的发展以及绿建筑指标的设计，很大程度依赖学者专家的合作”（丘昌泰、吴舜文，2011）。亦即，建筑研究所委托专家学者的研究工作及其工作内容位居极重要的角色，因此这些科技计划与技术报告的目的成果也需要进一步地检视。如同“科学危机与科学伦理”（林俊义，1987）一文中所提到的，在以任务为主的或政府事先决定研究目标的科研计划，科学家失去了创造力这项重要的特质。专业者对于绿建筑的认知、对绿建筑相关工作的界定以及其与受委托机构之间的关系，直接关系到台湾绿建筑推动的方向与实践的方法。

在永续发展议题下，台湾地区绿建筑以知识与产业经济发展的思维全面性推动。台湾地区绿建筑政策由学界发起，至“内政部”建筑研究所成立后，才获得较有系统的推行（丘昌泰、吴舜文，2011）。1999 年台湾地区绿建筑的观念仍处萌芽阶段，“内政部”制定“绿建筑标章评定制度”，实施初期采用自愿性质受理申请，成效不彰；1998 年之后，关于永续建筑有关的会议分别在 2000 年、2002 年以及 2005 年陆续召开。然而绿建筑政策与指标应用的研究却也指出，其执行上的限制以及评估机制无法真正达成绿建筑目标的窘境。而透过由产业支持的 2000 年与 2002 年永续建筑会议，使得产业发展在研究报告中的考虑愈来愈重要，绿建筑评估计划朝向一套可运作机制以确保产业发展、绿建筑论述持续以技术规范的精炼确保其在体制中被适度控制成为具体的目标。辅助产业研发转型所出台的各项优惠方案，成就了企业资本的累积。受到研发技术报告支持的企业在台湾转型后，为获得更大市场利益，绿建筑产业相关消费价格偏高[17]也须由政府奖励补助始能推动，成了全民买单的绿建筑产业政策。2004 年政府开始推动“绿建材标章”，专家学者在绿建筑标章分级之外又投入了绿建材标章[18]的研议，进行与其他国家达成交换认证的协议以及将绿建材扩大应用层面的研拟，皆是透过政策将绿建材合法化置入市场的通道。绿建材与设备的使用已经成为取得绿建筑标章、保护环境的必要之举。当政府推动绿建筑的政策干预最终被还原成为产业条件与通道的构配合时，专业者是自主的对绿建筑理念的实践，或是服从体制知识权威的体现，在这个共构关系的角色中，更必须保持一定的距离以检视实践场域中的问题。如同 Schon 所提出的，专业者必须以一种行动中的反映来认识与实践。

指导老师点评

挣脱枷锁

徐玉妗的论文点出 21 世纪初以来的一个迷思：绿建筑，究竟是环境的议题，还是经济的议题？

自从一万年前，两河流域的市集发展成大规模的城市，人类的文明出现重大的分工，有些人不必整天忙进忙出，只为了活着，要与艰困的环境搏斗。伴随着城市的发展，因为经商致富的财主，维持城市治安的武力集团的领主，精通天象可以祈福解惑的祭司，出现在人类的不同城市中，只是每个文明使用不同的称谓。这个模式可以用来理解一万年前的中亚，也可以用来理解当代的社会。“财主”、“领主”、“祭司”所代表的概念用产业经济、政府制度以及价值论述取代。

绿建筑透过专家的倡议，主导全球性的议题导向，成为政治正确的语言，政府的法令随着进行引导式的管制。其结果到底是取得人民的福祉，长远的环境友善？或者，只是促成产业的短线发展，对于环境的可持续发展造成更大伤害？徐玉 的研究很重要的论点是专业者反思，当代的专家学者在角色上有点像是一万年前的祭司，上通天文，下知地理。但是，我们自己是否像是被国王与财主囚禁的先知，永远无法挣脱工具理性的桎梏。

郑晃二

（淡江大学建筑系，专任副教授）

2. 绿建筑评估指标对专业者执业的影响

绿建筑评估机制自透过建筑技术规则实施以来，对建筑专业造成极为广泛的影响。首先是绿建筑规范对核发建筑许可的牵制。其次，取得绿建筑标章进而获选为优良绿建筑奖以显示建筑工作与时下永续价值等同，已成为建筑专业自我检视的重要环节。参与各种公共工程竞赛，其需求计划上明列着必须以符合绿建筑指标的方式来进行设计，至少必须取得两种指标以上等的要求已是普遍；接受民间委托，业主经常提出的问题之一是“建筑师，有做过绿建筑吗？”

建造执照的取得是建筑设计中一个合法建造的证明以及重要专业关卡之一。绿建筑的推动主要分为，符合条件必须申请绿建筑候选证书进而取得标章以及一般基地申请建造执照必须符合绿建筑检讨两种，依前述两种情况牵制建筑执照的取得。借由《建筑技术规则》第十七章“绿建筑基准”专章的发布实施[19]，新建建筑物都必须满足绿建筑基准中一般设计通则的要求；绿建筑基准检查报告书成了申请建造执照时一项必要的附件。也就是说，在2004年之后，绿建筑评鉴机制成为建筑物规划设计过程中必要考虑的参数。

自1999年实施建筑节能法令以来，每隔几年就改版举办设计规范与推广示范讲习，绿建筑指标亦不断更新版本，绿建筑指标约两年修改一次，而《建筑技术规则》从2004年开始，其后又经2009年修改，法令变动频繁、不稳定性极高。最后，因着绿建筑指标基准值计算过程查表对照程序繁复，“营建署”又针对计算繁复的问题委托民间公司发展一套仅需输入数值而能简化繁琐计算的计算机软件来解决[20]。在实务上，由于检讨评估指针的计算程序繁复，且其数据化工作是独立于设计思考之外，经常是在设计完成之后才执行各项规范的检讨。为了争取建造执照审查的时间，一定规模的建筑设计案件之绿建筑检讨的工作经常又委托（俗称外包）给所谓专业绿建筑评估团队，以符实效。受惠于绿建筑评估指标繁复计算而开展的专属业务以及推出的计算机软件所促进的另一波产业利益则又是台湾地区绿建筑实践的另一现象。

绿建筑一开始即被专业者以相对于外在物理环境可操作性部分的反映来规范，在《绿建筑解说与评估手册》一书中明确提到，“有些国家甚至把复杂的社会性、经济性因素也纳入绿建筑的评估范畴内，不但造成科学量化评估的困难，也丧失了绿建筑在地球环保上之特色。……对于这些难以操作或无限扩大解释的绿建筑领域必须忍痛割舍，因此对于一些未能量化的人文、社会、经济指标也暂不纳入评估之内容”。因此无法量化的环境因子，不是绿建筑“可评估”的范围。建筑设计中关于非量化的质量，在绿建筑评估机制配合优良绿建筑奖励所主导的价值下，难以被讨论。透过台湾地区绿建筑实践的观察也发现绿建筑的推动，夹带着技术规范，展现了其企冀成为主流类型的态势。以符合法令为目的是作为专业者响应绿建筑议题在设计展现上的标记，常有为通过绿建筑指标而增加营建成本的矛盾、为绿建筑而绿建筑的挟制性思维。例如在都市地区密集的建筑，不论是钢骨架构造或是钢筋混凝土构造常开挖地下层以达最佳土地利用绩效，为了通过绿建筑绿化指标，皆朝向以人工地盘及立体绿化来解决通过绿化基准值的目标。人工地盘上的绿化，除了要考虑排水层，还要进一步提高结构载重设计，在普遍以钢筋混凝土为构造材料的基本条件下营建成本以及钢筋混凝土建材生产过程及CO_2排放量上的增加，实有违绿建筑的基本思维，形成为绿建筑而绿建筑的误导。除了绿化指标之外，在建筑构造的态度上，标准大样、材料厚度以及热阻系数的计算简化了构造学上艺术形式的变化；开窗对于气候条件的反应在标章中被以方位逐一罗列成为面积与形式查表对应的等价数字，专业人士无暇无须积极思考光线在建筑设计中敏感的作用[21]，而建成环境中对采光通风的影响因子未被纳入讨论，绿建筑指标所思考的其实是没有周边环境关系单一的建筑量体。专业人士在运用绿建筑评估机制的同时，产生了取向，一个符合优良绿建筑的案例将宣告设计立基于永续发展、保护环境的合法性，获得一个懂得设计绿建筑建筑师的美誉，并且极可能获得更多的工作机会。另一方面，虽然绿建筑不应该只是一些架构在不甚精准的数据上的数据，然而在评估机制结合法令的层面上，专业人士似乎难有其他选择。

3. 评估机制的盲点与危机

为因应《京都议定书》中对于碳排放减量的议题，绿建筑评估指标绝大部分建立在减碳与新能源议题的对策层面上。以一般基地皆必须检查的基地绿化指针为例（图1，图2），其载明借绿化以净化空气、达到CO_2减量、改善生态环境、美化环境是该项指标的目的，

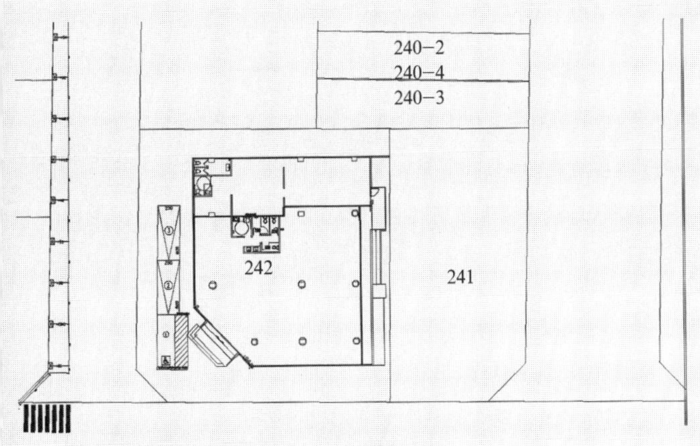

图 1　住宅区建蔽率 55%、容积率 250% 的配置案例

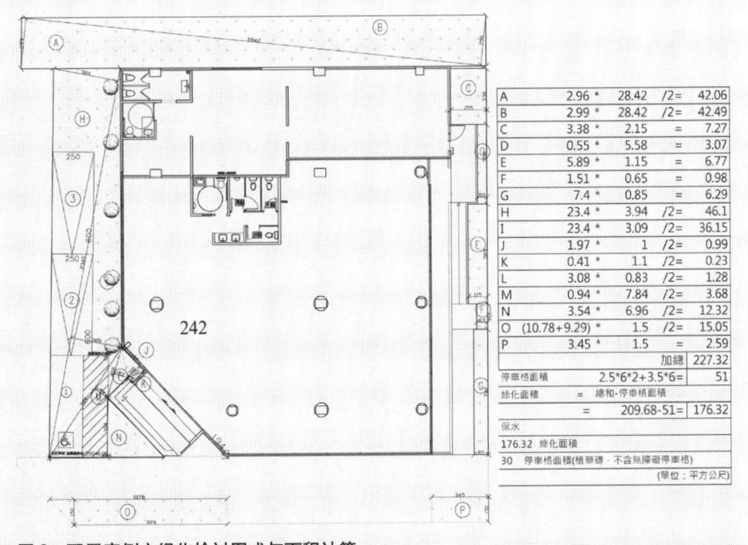

A	2.96 *	28.42	/2=	42.06
B	2.99 *	28.42	/2=	42.49
C	3.38 *	2.15	=	7.27
D	0.55 *	5.58	=	3.07
E	5.89 *	1.15	=	6.77
F	1.51 *	0.65	=	0.98
G	7.4 *	0.85	=	6.29
H	23.4 *	3.94	/2=	46.1
I	23.4 *	3.09	/2=	36.15
J	1.97 *	1	/2=	0.99
K	0.41 *	1.1	/2=	0.23
L	3.08 *	0.83	/2=	1.28
M	0.94 *	7.84	/2=	3.68
N	3.54 *	6.96	/2=	12.32
O	(10.78+9.29) *	1.5	/2=	15.05
P	3.45 *	1.5	=	2.59
			加總	227.32
停車格面積		2.5*6*2+3.5*6=		51
綠化面積	=	總和-停車格面積		
	=	209.68-51=		176.32
保水				
176.32 綠化面積				
30 停車格面積(植草磚，不含無障礙停車格)				
				(單位：平方公尺)

图 2　配置案例之绿化检讨图式与面积计算

在将绿化等同于 CO_2 减量的认知下，效益透过换算简化成一个规范基准值。这种绿化思维有几个困惑。首先是依土地使用分区、建筑类型来制定 CO_2 基准值的意义，存在着分区和类型对应选样上的逻辑疑义，而仅针对实施都市计划地区作规范也忽略了台湾非都市土地使用的现实 [22]。除分区所对应的基准值 [23] 计算标准并无任何针对台湾地狭人稠的都市化环境的实证研究背景说明外，依复层、乔木、灌木等植栽类型所换得的 CO_2 固定量也存在缺乏环境基础数据及验证风险的评估。整个强调亚热带气候条件有异于温带与寒带特殊性的台湾绿建筑评估体系其基本数据来源便存在正确性的疑义 [24]。评估解说手册上载明“这数据虽然有极大的误差，但是作为植物对环境贡献量之换算系数，却有很大的方便”；“本手册关于大小乔木、灌木、花草密植混种区之生态复层 CO_2 固定量认定为 1200kg/m^2，这些数据只是上述相关数据概略推算的结果，并无实测根据，其用意只是在鼓励生态的绿化栽种形式”（林宪德，2007）。另外，从更积极的层面来看，绿化指标将植栽在环境设计的响应上简化为 CO_2 减量的功能。就其在学校这一建筑类型的层次，大学、中学、小学除有尺度规模之别，以校园规划所强调的小区参与、资源共享等理念来看，校园绿化的诠释应反映规划理念之差异，在绿建筑评估指标的应用上无法突显出学校建筑的特殊性且几乎与一般建筑类型无异。在绿建筑绿化评估应用限制上的论述（张国祯，2006），则指出如果评价学校建筑的生态指标如同一般类型的建筑，只以量化的数据来判断其合格不合格，将失去生态观念推动的机会。

评委点评（以姓氏笔画为序）

读“台湾地区绿建筑实践的批判性观察”一文，首先让我联想到是陈寅恪先生所说的“独立之精神，自由之思想”。没有“独立之精神，自由之思想”，则不可能产生批判性；没有批判性，就会只剩下一种声音，就会单调乏味，就会产生历史性倒退。这就是此篇论文最大的意义所在。其次，读此论文会引发一系列的思考，各国绿建评估认证体系确实是漏洞百出，弊端重重，有无简单明了的解决办法？有时，提出问题比解决问题更重要。再次，读此文让我联想起了“环境伦理学”，如果我们站在环境伦理学的角度看待绿建问题，也许会有不同的答案。

马树新

（北京清润国际建筑设计研究有限公司，总经理；国家一级注册建筑师）

硕博组一等奖论文“台湾地区绿建筑实践的批判性观察”将“台湾地区绿建筑实践”放到宝岛台湾大的政治经济的关系中思考，通过对台湾地区绿建筑实践的调研和观察，论证经济发展主导下的绿建筑知识建构与执行绿建筑相关工作时的产业与政治利益关系，批判了将绿建筑的论述局限于技术内涵的危机，以及在规划设计思考仅仅考虑技术规范的实践。通过批判反省其机制制定和运用之中的局限与危机，指出专业者在面对绿建筑相关工作时认真研究和反思的必要性，提出以批判性地域主义思维作为推动绿建筑其他选项的手段的建议，具有一定的创新意义。

这篇文章的结构体系比较明晰，而且论述的逻辑性较强。但是我觉得论文在论证过程中对于台湾地区绿建实践的分析不够具体，唯一的实例分析图仅仅是绿建系统中很局部的容积率、覆盖率问题，给人以偏概全的感觉。

最后，我注意到这次论文竞赛获得本科组一等奖和硕博组一等奖的两篇论文作者都是在台湾地区学习或交流的学生。这对于我们大陆各主流院校的理论研究教学是否提出了一次严峻的挑战呢？

仲德崑

（《中国建筑教育》，主编；深圳大学建筑与城市规划学院，院长，博导，教授）

绿建筑推动方案借法令强制性执行还存在诸多问题，包括通过候选绿建筑证书多，申请绿建筑标章者少。政府部门出炉的报告也指出，绿建筑推动方案之推行虽成效卓著，通过绿建筑标章者倍增，结果是标章通过数量不到候选绿建筑证书之两成（生态城市绿建筑推动方案，2010：8）。另外，绿建筑规范透过建筑许可强制执行，制作报告书检核计算式等同于是否为绿建筑的门槛，除了形式大于实质意义，也缺乏落实的查验机制。《建筑技术规则》关于绿建筑规定之管制，虽采用建照抽查方式查核，以年度项目发包方式，委托如建筑师公会的专业团体进行抽查，但有时间上的落差，许多未抽查案件是否符合绿建筑的目标也无力控制。再者，法令变动快速，候选、标章取得之后也存在有效期限[25]的问题。

即使绿建筑评鉴机制的运作在实践场域中存在缺乏促进基本环境条件数据的建置，而全面地透过建筑许可制影响专业的执行，也有效率不高、产业挂帅、成本偏高的隐忧，评估机制并没有朝解决这些难题的层面处理，倒是以利多奖励响应了推广应用不足的研究评估结论。在2003年更新九大评估指标的原因是"分项评估指标之间并无综合评估机制"、"指标的合格门槛难易有别"、"难以提供合理的绿建筑奖励政策，也无法推动专业酬金、容积率、财税、融资方面的奖励办法"。2004年委托专家学者建立最新的分级评估法，将细分为规划、设计、奖励三阶段的评估。并且在更严格的评估机制实施之后，也认知到"任何一种绿建筑评估系统，均有美中不足之处，无论指标基准如何科学化的制定，均无法网罗所有优良绿建筑巧思"（何明锦、陈柏勋，2006），因此将对于无法以绿建筑指标规范但又符合绿建筑的建筑设计加以表扬。专业者倾力发展属于亚热带在地物理环境条件的绿建筑规范，透过绿建筑指标取得标章的建筑，在意义上可以说是在技术的理性规范上取得胜利；如同前述提及绿建筑评估机制在生产操作上所指出，在非技术非规范思考上的讨论则是完全地缺席。而在绿建筑标章与绿建材标章甚或是未来智慧绿建筑标章的研究执行下，专业者对于绿建筑评估机制开始出现"严谨与适合"[26]的两难。关于都市更新案引出申请绿建筑设计给予容积奖励的办法[27]，更是绿建筑评估机制走上歧异之途的具体说明。

如果绿建筑标章评估机制的推动，是免于对环境破坏的基本防线，为何需要不断地奖励补助以获得执行专业、土地开发者以及消费者的支持？奖励的出现是因为没有利多诱因所以导致与城市发展直接相关的空间成本作为利益交换。补助是因为缺乏投资报酬率，投资门槛高于消费者预期，因此编列补助预算冲高执行效率，作为展现施政能力的成绩单。绿建筑评估指标在以永续发展经济思维下被强制性推动到底保护了怎样的环境？

前述讨论了所谓绿建筑运动观念化却无法行动化的原因，相关研究报告也指出"让学者、执行者、建筑师、建商等不断反复提及的，绿建筑政策很大的一个关键问题，乃在于政策缺乏自愿配合的诱因"。绿建筑作为人们对空间使用价值与态度的呈现，乃是日常生活的，是庶民的，它不能被简化成评估指标，也不应以繁复计算后的数据结果来概括，以被动性的配合与奖励来思维。然而实践场域复杂的问题因为无法被简化而遭忽略，为提高配合诱因，绿建筑评估机制自此走入分级指标，直接成为服务于国家政策执行的推手。绿建筑的推动，透过奖励与补助，成了空间交换游戏而牺牲社会公益，成了补助产业成长却须全民买单的窘境。绿建筑推动过程中，专业者是设计者、计划推动者、评论者、执法者、评鉴者，也极容易成为特定利益提倡者。虽然将绿建筑专业的实践依附在国家与资本的权力之下，在政府作为一个由上而下的角色上使其有可能系统化的整合，进而普及到人民的日常生活中进而成为由下往上的能量；但如同王鸿楷（1999）所说的，这样的依附下，优势是政府成为专业人士与受专业服务者之间的中介与保证人，然而他同时也指出当公共利益或资本累积的合理性受到挑战时，专业人士的工作将陷入意义真空的困境。因此专业人士有需要随时准备面对实践场域的变动，不断重新看待评估机制的推动价值。

四、绿建筑知识下的环境规划设计

绿建筑评估指标是台湾地区因应永续发展下面对环境中与建筑建设相关产业的技术规范机制。随着评估指标的推动，CO_2含量的多寡似已成为评估城市环境与建筑设计的基准，其工具理性优先地位的思维，在学术界似不可动摇。如果说，永续发展理念的出现代表一个新规划设计思维的开始[28]，那么绿建筑评估机制在台湾永续发展的议题的架构下，不仅建构一种新的规划设计类型，也形成一种过度依赖专业者代工的实践模式，它形成了一个如果没有取得通过由建筑师申请，财团法人“中华建筑中心”审查通过的，就不是绿建筑这样的误区。因此，绿建筑评估机制可说是另一套限制性的规划设计方式。

从历史的角度来看，结构与科技的进展是建筑设计变化重要的因子[29]，物理环境对于建筑设计的影响一直是设计操作过程中直接而基础的考虑，以气候条件影响设计构成的讨论似乎是设计过程中辅助性的提醒。如果回顾建筑的历史，或者观察早期城镇的建筑，都有考虑地方物理环境而产生独特空间形式的作品，然而在都市现代化的过程中，地区性物理环境的改变、市场机制的操作等因素让以地方性条件出发所思考的空间文化逐渐的流失，正是由于这样的流失，抵抗现代主义席卷下的环境规划新思维才在 1970 年代陆续出现。城市规划与建筑设计专业在不确定的尝试中试图开拓新的出路。因应永续发展的提倡，全球化的主流现代主义理论典范的内涵标准已然失效，旧典范的危机促使建筑专业检视过去功能主义设计模式所出现的问题。在亚洲，对于亚洲建筑的推进，在 2002 年亚太建筑师宪章也提过相关的规范。这些宣言式的宪章与台湾地区绿建筑技术规范有着核心理念上的差异，也就是概念机制与技术机制的重要区别。正是全球化扩张的反省才产生了地方性与全球化之间的对话与结合的其他可能，然而，绿建筑的工作原则似乎又回到当前专业急需摆脱的理性功能主义。

1. 绿建筑评估机制与专业人士的反思

绿建筑如同一个清晰伟大的社会目标，认为透过国家的承诺、汇集的产业资源与专业者投入发展工作的结合就能够达成永续环境的目的。强调科学理性的专业人士接受委托持续生产的研发技术报告保证了政策的执行。用 schon 的话来说便是，此一发展最大受惠的是研究发展机构及人员的增加，同时，它的一个附带效果便是强调了科学研究是专业实践的基础。绿建筑评估机制，由于注重代表科学的数据，将每一个环境因子都变成可量化的数字，忽略了环境规划设计的核心价值不是达到这些数字标准即能满足。特别在建筑设计的思维中，这种量化的质量是建筑教育训练中基础的环节，在建筑设计中，设计的介入被视为应当是对整体环境价值质化的反映，前言所引用的讨论短文所表达的，“建筑界的事务一向以艺术成就而孤高自赏，追求英雄表演而自外于社会……过去视绿建筑为妨碍设计与增加麻烦的建筑界”；其实揭示了推动绿建筑受阻的关键很大部分在于评估机制中对数字的操弄；也就是专业者对于依赖量化来讨论环境规划设计思维的排斥。“在台湾的建筑界与规划界，有一个奇怪的现象，而且愈来愈严重，那就是许多人依赖量化在设计建筑或规划环境”（傅朝卿，2011）。这不是起始于绿建筑，而是在传统功能主义下就有的僵固思维，与 CO_2 固定量相似的空间评效、营建单价、空间定量等等都是环境规划设计下的量化产物。量化的步骤是一种总量管制的基本概念，而建筑设计与环境规划被期待是超越量化质量的。绿建筑推动方案以绿建筑评估机制作为实践永续环境的手段之一，基本上是以科学技术工具扭转环境规划设计取向的尝试，忽视了设计中创造性诠释绿建筑的意义与价值。就像是专文推荐纪登斯《气候变迁的政治学》（黄瑞祺，2011）文中所说的，以为科技问题解决了，气候变迁的问题就能迎刃而解。

前述有关评估机制讨论所指出的实践的限制中，绿建筑所立足的环境资料，除了有“资料来源”与“数据应用”的根本问题外，在评估机制更细致的分级生产过程以及为政策所撷取误用的现实情境中，似未看见积极的作为；在建筑实践工作中，规划设计者、建筑师等，面对绿建筑评估机制也少有抵抗其僵化设计创意的思考。其中所谓专业人士反思的部分，一是对绿建筑评估机制知识在实践场域中持续性变动的反思，亦即专业技术知识在实践场域中面对“严谨和适切”两难的态度。二是对绿建筑评估机制中所倡议的绿建筑价值，专业人士作为实践场域的执业者，在与新模式靠近、乐意成为符合潮流的绿建筑设计师以及绿建筑设计操作成为习惯之后的环境创造实境的思考。

全球性环境议题趋势以及若非绿建筑则无以解决环境迫切危机的恐惧，使得国家在面对国际竞争时，不得不加强对环境相关政策的研拟来符合人民的期待。绿建筑评估机制的实践基本上是借由政府政策目标与专家评估行动之间的连接。然而政策研拟过程中产业研发的配套与专业者的知识技术之间存在必然的整合关系，也就是专业理性与官僚理性的接合。“规划者的正当性来自科学知识及其运用能力的权威”（王鸿楷，1999）。评估工具被专业人士认为是理性的技术性分析且是作为达成公共利益的最佳手

评委点评（以姓氏笔画为序）

从题目看，这是一个很大的论题，而且在有限的篇幅内不大容易论述得清楚。但作者的文字掌控能力和语言表述能力，最主要的是就此题目的思考、解析与逻辑展开的证论能力还是值得肯定的。所以即便是这样一个宏大的题目，用 16000 多字写就，其成绩值得肯定。

庄惟敏

（清华大学建筑学院，
院长，博导，教授）

本文最大的优点是论述充分，对所有拟定论题与论点均有详细的论证，周密繁复，环环相扣，显示了作者很强的理论推导能力以及对行文的自洽把控能力。

可以改进的建议：对于建筑实践的批判性观察，如能佐以对绿色建筑实践的案例分析与批评，会更有说服力；或者将文章题目定位于对台湾地区绿色建筑现象的批判与观察，会更符合文章的论述内容。

李东

（《中国建筑教育》，执行主编；
《建筑师》杂志，副主编）

绿色建筑评估体系是应对气候和能源问题的政策和规范性措施。作者以一种独特的批判视角，揭示“自上而下”的技术规范对推动绿色建筑实践和发展的束缚和局限，提出基于“批判性地域主义”思维的开放性绿色建筑创新理念，有角度，有态度，有深度。

论文回顾了欧盟可持续发展议题和台湾地区绿色建筑政策发展历程，论述地区台湾绿色建筑评估机制对从业者的影响，及其在非技术规范方面的缺失和对生态观念推动的乏力，并指出从业者需要对绿建评估体系适当反思，借鉴“批判性地域主义”思想解释性地而非量化地开放机制，兼顾绿色建筑环境的普遍性和多样性，发挥“概念诗性思维”使建筑摆脱限制，推动绿色建筑发展。文章辩证剖析绿色建筑评估体系“便捷”与“局限”的两面性，提出“量化”与“解释性”并行的开放式观点，将为我国未来绿色建筑政策制定和设计实践提供参考。论文结构清晰严整，语言犀利凝练，论据充实丰满，观点鲜明独特，是一篇优秀的博士生论文。

张颀

（天津大学建筑学院，
院长，博导，教授）

段。绿建筑价值，在台湾绿建筑实践中，呈现出一种科学工作者对于纯粹技术活动的理想性实践，亦即在较狭窄的技术活动与其所无力控制的较大社会脉络之间建制一个容易对应的平台，表达其对绿建筑相关工作的理解。问题是，如同王鸿楷（1999）提到的观念，代表资本利益的力量常常在整合关系中赢得不成比例的胜利，而许多未具备市场或政治优势的价值因为无法具体评估而被牺牲，绿建筑相关工作的意义被架空而沦为庸俗化的口号；专业人士虽置身于绿建筑实践的场域里，对于其工作方法与其效益是否服膺于永续环境的价值，需要一种持续批判的立场。就像面对永续发展议题一样，未经批判的永续“发展”概念不但是一种错置，更成为了台湾生态环境持续快速恶化的主要护身符（纪骏杰，1999）。既然现行的系统不足，执行过程弊多于利，在必须符合评估机制的制度下，误以为透过建筑执照申请取得绿建筑标章才是绿建筑，在建筑技术规则强制规定采用 5%的绿建材，也有误以为绿建筑之所以会呼吸乃是因为使用了绿建材之误区，甚至以增加经济诱因为基础，研拟更精进的规范来扩大这种政策绩效，绿建筑似已沦为政策背书的规范性产品。对于专业者知识的反省，schon 曾经提到，“一系列宣告于世的国家危机出现——城市环境恶化、贫困、环境污染、能源缺乏，看来问题的根源反倒是存在于想减轻问题的科学、技术和公共政策的实践中”（schon，1983）。而从韦伯所讲的理性概念来看，工具理性与功能性的立场能有助于专业分化及界定巩固属于各该专业责任的工作领域；也有助于个人工作的方便与职业满足感。但是，如果资本主义工具理性的权威或正当性受到质疑的话，专业者的权威与角色就饱受挑战（王鸿楷，1999）。以林俊义（1987）在科学危机与科学伦理一文中对科学价值中立的误区的观点来看，绿建筑评估机制既属于绿建筑推动这个特定目标下的计划，就已经不再是个人的活动，也不能再以科学价值中立的理由坐视研究成果的误用。绿建筑评估机制并未形成促进台湾气象数据库的建立，以使其科学验证的数据有实证的基础；也缺乏在社会实践场域的问题中，从回顾先前理解的局限去重新定位绿建筑标章的意义对建筑环境的作用。另一方面，很吊诡的，技术的傲慢形成专业相对于民众或使用者的权威。这是许多专业者都有的“社会人格分裂症”（王鸿楷，1999）。这些问题的涌现说明了当初以为有意义的设定结果的出乎意料，随着所面临情境的改变专家也意识到复杂度的增加，并对于这样的处境感到慌张，如同绿建筑专家（林宪德，2008）所说的，尽管绿建筑热潮在全球吹起一阵拯救地球的号角，但却意外夹带着一股陷绿建筑于不义之危机，绿建筑商业化的隐忧让专业者喊出“不如不要绿建筑评估机制”的政策风向。是否该停下来思考我们究竟需不需要经济成长意识形态下强制性的绿建筑评估机制？

2. 批判性地域主义中概念机制的开放性

绿建筑原是强调以环境的永续为根本价值的建筑规划设计实践的方法，但因视野的局限成为以亚热带气候条件区别于温寒带地区的在地性物理环境条件规范。面对全球永续发展议题，台湾地区绿建筑的论述其实可以是在追随西方主流建筑理论之外的一个开启亚洲建筑新视野之钥。在台湾，没有一种建筑的实践像绿建筑一样，透过信息与传播结构几乎全面地观念化、庶民化，但为何无法成为深化台湾建筑文化的能量，而流于符合指标门槛，最终成为一个制式的框架，乃至沦为空间消费而牺牲正义的工具。我们可以从另一个途径来检视。相对于技术机制，与永续议题一样重要且几乎与永续发展（Sustainable Development）同时被提出的“批判性地域主义”（Critical Regionalism）这个术语，有两位主要的代表人物，一是肯尼斯·弗兰姆普敦（Kenneth Frampton），另一位是亚历山大·佐妮斯。肯尼斯·弗兰姆普敦虽然也对地域主义提出看法，然而若是面对一个更开放的规划设计论述的形成，本文更倾向以亚历山大·佐妮斯的观点为主。佐妮斯的讨论不仅找出了地域主义实践的主要问题，也透过“批判性”这个字眼的介入，提出在全球化与地域性之间来回犹豫摆荡以外、非技术规范的建筑设计策略，清楚地揭示一个面对无场所无地方的现实与建筑存在之间的连结方式；认为除了是一种时代性的设计论述，也发展出相应的创作理论。

为什么时代性与“相映性”是如此地重要呢？以环境在地性为思考之源的地域主义，已经被指出犯有两个错误；一是狭窄视野的集体主义式的地域主义，一是廉价操作的视觉符号式地域性主义。把批判与地域主义连结起来形成批派性地域主义，除了与先前对“地域主义”一词的用法区别开来，其所主张的便是一个立基于基地地理条件以对抗无地方感、缺乏自明性的现代建筑的立场。其中，肯尼斯·弗兰姆普敦的“现代”是以西方观点看待各地建筑作品的角度来谈论的，认为把西方主流普遍的与地方边缘既有的调合起来就是批判性地域主义；而佐妮斯则是将“现代”以地域所处的时代性下的现实之异化来对应，是佐妮斯所说的，将“regionalism”的“gion”去掉之后的“realism”，一种贴近现实主义的“相映”。这种现实涵盖了物理环境条件及之外的其他。这种对于地域性的诠释类似于 schon 对于专业者在情境中的“反映性”思考，不是遵循着普遍以及既有的材料，而是一种异质元素介入后产生借以唤起整体在地性的逆说式作用。

批判性地域主义与绿建筑评估机制有什么关系？批判性地域主义作为一种概念，着重在展现自身独特性的设计原则，非由上而下的教条。加入“批判性”的意义乃是为了免于落入另一个自以为是的工具理性范畴。就像发表于当代杂志一篇关于绿色环境运动的文章中所提的，任何掌权者，都是环境的破坏者。Tzonisn 所说的批判性地域主义是基于地域的概念中对建筑的反思，其设计的方法乃是先认知到价值的特殊性，个案中的物理、社会和文化条件的特定限制，其目的在受益于普遍性的同时保持多样性。批判性地域主义是一种“概念的机制”（concept device），就像是一种分析工具一样，然而是一个解释性的工具，用以实践对环境永续价值的论述。或许有人会问，一个容易实践的技术理性思维对于建筑世界的宣言难道不是必要的？关键是，一个同样可以实践的概念诗性思维对于建筑环境的原则性提示才是让建筑摆脱限制，持续思考的推动力，它将无法成为一个僵化限制性的公式，或是一个对照性的操作，而必须去关注它所在的，包括对政治的立场、经济的取向、社会的观察以及其丑陋面反映的现实进而提出创新的策略。

五、结论

能源危机是环境议题萌生最初的因子。在欧盟所提出的永续发展议题框架下，京都议定书迫使各国进入理性面对环境议题的阶段，在政治与经济的角度上，环境议题是国家政治谈判与制裁手段的策略，以新的产业转化对环境污染关注，并在此议题的屏蔽下开展另一波成长的经济发展思维，进而开展互相认证的经济交易事实。为建立绿产业，在建筑工业与环境议题扣合的脉络下，绿建筑成为解决环境问题首要的选项，在国家的介入下，一个可以检验的技术性规范奠定了绿建筑走向工具理性的基础。台湾地区绿建筑，从产学合作的绿建材研发生产，标章认证的推陈出新，架构出使用绿建材、通过绿建筑评估指标、取得智慧绿建筑标章就是准绿建筑的误区。而执行绩效不佳、无自愿配合诱因的问题等，也让绿建筑评估机制扩张性地朝不断细致化的指标发展，模糊了绿建筑推动的价值。尽管绿建筑政策在媒体的宣传之下似已成为政府与社会之间的共识，绿建筑专业者依附于资本与国家公权力之下也引领了知识与产业经济的成长；然而，为了功能性运作之便所采取的政策控制，绿建筑专业实践已陷入绿建筑推动价值模糊化的挑战与质疑之中，对于绿建筑在实践场域中的功能与意义急需再定位。此外，寻求技术机制之外，并发展一种开放性的绿建筑论述也成为“专业者反思”之后重要的工作。

注释：

[1] “工具理性”是法兰克福学派批判理论中的一个重要概念，其最直接、最重要的渊源是德国社会学家马克斯·韦伯（Max Weber）所提出的“合理性”（rationality）概念。所谓“工具理性”，就是通过实践的途径确认工具（手段）的有用性，从而追求事物的最大功效，为人的某种功利的实现服务。工具理性是通过精确计算功利的方法最有效达至目的的理性，是一种以工具崇拜和技术主义为目标的价值观。

[2] 本文以 1990 年成立建筑研究所筹备小组开始研拟相关设计标准为认定基准。1995 年“内政部”建筑研究所正式成立。

[3] “专业反思”是引用 *The Reflective Practitioner: How Professionals Think in Action* 一书中的概念。

[4] 批判性地域主义于 1981 年首次由亚历山大·佐尼斯（Alexander Tzonis）所提出。

[5] 欧盟（European Union，EU）是于 1992 年因签署欧洲联盟条约（或称马斯垂克条约）所建立起的国际组织，为世界上第一大的经济实体。

[6] 欧盟的成立可追溯至 1952 年《巴黎条约》建立的欧洲煤钢共同体，1958 年成立了欧洲经济共同体和欧洲原子能共同体，在 1972 年《罗马条约》中，欧盟强调它成立的目标是：消除分裂欧洲的各种障碍，加强各成员国经济的联结，保证协调发展，建立更加紧密的联盟基础等。自 1987 年单一欧洲法案后，欧盟更从贸易实体转变成经济和政治联盟，随着欧盟整合程度的深化及广化，订立了环境政策，强化了其主导性的角色。

[7] 第一行动方案自 1973 ~ 1976 年，为期四年。主要因应两伊战争后爆发的第一次能源危机。

[8] 环境保护和可持续发展是欧盟关注的重要领域。从历年论坛与条约可看出这些议题的重要性。虽然欧洲议

评委点评（以姓氏笔画为序）

论文以批判性的视角，审视了当代台湾地区绿色建筑发展过程中的某些偏差，指出了当下以技术规范去“标准化”绿色建筑设计，以指标性满足作为绿色建筑设计的最终目标的弊端与局限，提出了为避免绿色建筑走入程序化、商业化、功利化的误区，我们应从其本原价值与真实意义进行重新定位，以此去指导更有针对性的建筑实践。论文作者具有强烈的社会责任感，能够以客观、理性的视角看待绿色建筑发展，为防止其走入僵化的窠臼，进行了有益的探索。

梅洪元

（哈尔滨工业大学建筑学院，院长，博导，教授）

“台湾地区绿建筑实践的批判性观察”一文最大的特点就在于其鲜明的批判性。而且，其所批判的对象似乎占据了道德上的正义性和技术上的先进性。这种批判的勇气建立在历时的溯源和共时的剖析基础之上，既有逻辑的思辨，又有现实成效的佐证，故而其观点确能站立且令人信服。应当看到，作者对过度依赖单向度工具技术理性的倾向所展现出的忧虑和质疑应当受到充分且广泛的关注。绿色建筑的问题不在于其自身，而在于人们对绿色的认知。显然我们需要一种更综合、更全局、更具有机文化特质的新观念。作为读者，我愿明确地支持作者的批判性姿态。

略显遗憾的是，论文收笔时提出以“批判的地域主义”作为替代的可能方向，因缺乏必要的论证铺陈而显得有些突然。

韩冬青

（东南大学建筑学院，院长，博导，教授）

会在 1990 发表的《关于城市环境的绿色档》被认为对唤醒环境意识具有决定性的转折，但自 1957 年《罗马条约》签署以来，以欧洲经济市场为基础所发展的环境与内部投资，对绿建筑实践的方向即已产生重要的影响。

[9] 1990 年欧洲议会发表《关于城市环境的绿色档》，要求欧盟政府关注日益加剧的城市生活质量恶化的问题，以及污染对健康、安全和全球气候变化造成的影响所具有的危害 (Brian Edwards，2003：3)。全球总体生态环境平衡的指标包括了温室气体的排放量、酸雨、海平面升高以及臭氧层的厚度等主要项目。

[10] 包括科学园区的噪音污染、有毒污水污染、空气污染与健康风险等；另一方面科学园区的扩张影响了农业的未来发展。

[11] "生态城市绿建筑推动方案" 自 2008 年实施起至 2011 年，总经费 20 亿。

[12] 智慧绿建筑推动方案自 2010 年实施起至 2015 年，六年投入 32.2 亿元，促进投资 795 亿元，带动产值约 7995 亿元，节能减碳 1442 万 t，创造 23.3 万个就业机会。行政部门推估，绿建筑每年约增加 470 万 m^2，以每平方米造价 2.3 万元计算，保守估计，绿建筑的商机每年至少高达 1115 亿元 (经济日报，2010/11/8)。内政部指出，针对工程费造价超过 5000 万元以上新建公有建筑物，将自 2012 年起强制导入智慧绿建设计施工，并纳入公共工程预算审议管制。据《联合报》之报道，"行政院" 官员表示，5000 万元以上的公共设施或公用建筑物属中大型以上的公共建设，以今年的公共建设来说，金额在 5000 万元以上的，占 82%；同时国有地标售、都市更新和军事工程也将试办智能绿建筑，并提供奖励措施 (经济日报，2010/11/10)。"内政部" 将修改相关法规，民间进行都市更新或既有建筑物重建须导入智慧绿建筑，透过容积或经费奖励带动私有建物纳入智慧绿建筑，对国有地标售或设定地上权，"财政部" 也将要求得标业者开发需纳入智慧绿建筑。

[13]《京都议定书》正式要求英、美、日等国承诺降低 CO_2 排放，此系首度纳入国际档成为具有法律约束力的约定，采取贸易报复手段，进行 CO_2 减量之管制。未来并将扩大到包括台湾地区在内的发展中国家或地区 (绿建筑核定本)。

[14] 2001 年 3 月行政院核定 "绿建筑推动方案" 是第一波 (2001 年 3 月～2007 年) 政府政策，乃是配合绿色硅岛的建设目标而定 (徐姿茜，洪昆哲，2009)。

[15] 绿建筑系指在建筑生命周期 (指由建材生产到建筑物规划设计、施工、使用、管理、及拆除之一系列过程) 中，消耗最少地球资源，使用最少能源及制造最少废弃物的建筑物。

[16] 指任何经宣称为科学，或描述方式看起来像科学，但实际上并不符合科学方法基本要求的知识、方法论、信仰或是实务经验。

[17] 绿建筑相关产业的消费包括绿建筑设计、绿建材产品以及冠以绿建筑的房地产交易与土地开发。

[18] 绿建材在 2009 年针对 30000m^2 面积以上实施。从室内走向室外，从低楼层建筑物推广至高楼层建筑物应用。

[19] 1993 年 3 月 10 日订定，1994 年 1 月 1 日实施。

[20] 为简化绿建筑评估作业，"内政部" 营建署又在 2010 年完成绿建筑电子化评估系统 ("内政部" 营建署实时新闻，2010)。主要协助建筑师简化计算及评估，直接输入参数产生计算表，结合建筑执照申请档，缩减业界绿建筑计算作业时间。

[21] 窗的设计具有使建筑铭刻地方特色的内在能力，从而表现了作品所在地的场所感 (Kenneth Frampton)。

[22] 例如非都市土地经过变更编定，或农地朝非农用使用所肇致的污染。

[23] 学校用地 500kg/m^2，商业工业区 300kg/m^2，其他区 400kg/m^2。

[24] 资料是成大建筑研究所根据国外温暖气候下的树叶光合作用之实验值，以台中的日照气候条件及树形、叶面积实测值，解析合成而得的 CO_2 固定效果。资料代表某植物在都市环境中从树苗成长至成树的 40 年间 (即建筑物生命周期标准值)，每平方米绿地的 CO_2 固定效果。在台湾，北、中、南日照条件存在差异，且基本气象数据库数据不足的现实下，这样的换算应只是数据借用尚未论及科学。

[25] 绿建筑标章或候选绿建筑证书，有效期限为三 ，期满前三个月以内得申请继续使用。

[26] 在 Schon 的 *The Reflective Practitioner: How Professionals Think in Action* 一书中提到。

[27] 例如台北市都市更新相关法规中，2005 年 9 月 1 日订定发布的台北市都市更新单元规划设计奖励容积评定标准。明定通过绿建筑分级评估银级者，给予法定容积之百分之六为限；通过绿建筑分级评估黄金级者，给予法定容积之百分之八为限；通过绿建筑分级评估钻石级者，给予法定容积之百分之十为限。

[28] 王鸿楷在 1999 年以 "'理性' 或理想性？——现阶段台湾规划专业的历史任务" 的专题演讲中提到，"永续发展" 已成为规划界的显学。它存在多面向的讨论与意义，是专业对于原有所谓理性功能主义典范的重大挑战。

[29] 例如高第借由结构模型产生了新造型，数字工具的普及探索了环境与形式生成新可能。

[30] 杨宪宏在 "反对，不必忠诚——绿色纯度与深度的标尺" 一文中指出，环境运动所主张的基调，是源本于认定：反对、对抗是人类之必须的信仰；而环境运动的基本假设是，任何权力的掌握者，都是环境的破坏者。

参考文献：

[1] 王鸿楷."理性" 或理想性？——现阶段台湾规划专业的历史任务 [R]． 1999 年 9 月 18 日都市计划学会年会专题演讲，1999.

[2] 丘昌泰，吴舜文．我国绿建筑政策评估 //2010 年中国台湾政治学会年会暨 "能知的公民？民主的想与实际" 学术研讨会 [C]．2010.

[3] 林宪德．绿色建筑 [M]．台北：詹氏书局，2006.

[4] 林宪德．绿建筑解说及评估手册 [S]."内政部" 建筑研究所，2007.

[5] 林宪德．绿建筑的发展与隐忧 [J]．台湾：建筑师，2011 (03)：92.

[6] 林宪德．绿建筑，恐是梦一场 [J/OL]．成大研发快讯，2008，5 (3)．http://proj.ncku.edu.tw/research/commentary/c/20080718/1.html.

[7] 林俊义．科学危机与科学伦理 [J]．当代，1987 (20)：60.

[8] 林俊德．永续．生活观：台湾绿建筑政策初探 [J]．建筑 · Dialogue 杂志．2005 (91)：21–33.

[9] 何明锦，陈柏勋．台湾绿建筑科技研发与未来展望 //2006 台北第二届海峡两岸建筑学术研讨会论文集 [C]. 2006.

[10] 纪骏杰．永续发展：一个皆大欢喜的发展 [J]．应用伦理研究通讯，1999 (10)：16–20.

[11] 张国祯．台湾绿建筑评估指标在学校类型执行上的检讨 //2006 台北第二届海峡两岸建筑学术研讨会论文集 [C]. 2006.

[12] 傅朝卿. 别忘了! 好建筑必须有量化之外的质量 [J]. 台湾建筑. 2011 (187) : 120.
[13] 黄瑞祺. 怀抱希望, 但也正视现实的复杂与困难 // 气候变迁政治学 [M]. 台北 : 商周, 2011.
[14] 黄凤娟. 从里约到台湾 福尔摩莎的永续发展怎么了 [N/OL]. 环境信息中心电子报, 2005[2015-08-30]. http://e-info.org.tw/special/wed/2005/we05060301.htm.
[15] 杨宪宏. 反对, 不必忠诚. 绿色纯度与深度的标尺 [J]. 当代. 1987, (20) : 30.
[16] 徐姿茜, 洪昆哲. 推广"绿"建筑——"生态城市绿建筑"政府作推手 [N/OL]. 中正 e 报, 2009-03-11[2011-04-30]. http://wenews.nownews.com/news/2/news_2693.htm .
[17] 苏秀慧. 政策挺绿建筑商机 一年千亿 [N/OL]. 经济日报, 2010-11-8[2011-04-30] http://www.archifield.net/vb/showthread.php?t=8602.
[18] 苏秀慧."行政院"审查通过"智慧绿建筑行动方案" [N]. 经济日报, 2010-11-10 .
[19] 刘利贞编译. 绿色经济 瞄准十投资领域 [N/OL]. 经济日报, 2011-02-22[2015-08-21]. http://www.taiwangreenenergy.org.tw/News/news-more.aspx?id=1B1402EB34967367.
[20] "内政部"建筑研究所. 绿建筑解说与评估手册 [S]. 2005.
[21] 二十一世纪议程——永续发展策略纲领 [EB/OL]. http://nsdn.epa.gov.tw/ch/papers/20000518.pdf.
[22] 世界环境与发展委员会."我们共同的未来"研究报告 [R]. 1987.
[23] Donald A. Schon. *The Reflective Practitioner: How Professionals Think in Action* [M]. 1983.
[24] Alexander Tzonis. Introducing an Architecture of the Present Critical Regionalism and the Design of Identity//Liane Lefaivre, Alexander Tzonis. *Critical Regionalism: architecture and identity in a globalized world* [M]. New York: Psychological Dimensions, 2003: 8, 21.
[25] 爱德华 (Brian Edwards) 著. 可持续性建筑 (*Sustainable Architecture: European Directives and Building Design*) [M]. 周玉鹏等译. 北京 : 中国建筑工业出版社, 2003.
[26] 肯尼斯·弗兰姆普敦 (kenneth Frampton) 著. 现代建筑 : 一部批判的历史 (*Modern Architecture A Critical History*) [M]. 原山译. 六合出版社, 1991.
[27] 安东尼·纪登斯 (Anthony Giddens) 著. 气候变迁政治学 (*The Politics of Climate Change*) [M]. 黄煜文, 高忠义译. 台北 : 商周, 2011.

作者心得

关于台湾地区绿建筑实践的批判性观察之写作

绿建筑的论述与实践在永续发展的大架构之下已经进行多年，在世界各地有不同的挑战与困境。《中国建筑教育》在2015年度的"清润奖"论文竞赛主题设定为"建筑学与绿色建筑发展再次相遇的机会、挑战与前景"，点出绿色建筑在建筑学论述与工具性实践上需要重新梳理的反省。

在台湾，绿建筑的推行，从公式化的审查到样板式的绿建材套用等，到产出质与量并具的公共建筑空间其实是相当晚近的事。正是这一种实践绿色建筑思维的倾向，反映出绿色建筑的局限性。

写作的动机始于对建筑设计思考与"绿建筑"这一新兴词汇之间的关联性辩证。虽然立基于在地性，但绿建筑以一种建筑类型的姿态，几乎成为过去指导设计以"建筑计划"为依据的另一专章。在当代的建筑设计思考中，跨越建筑计划朝向更机动整合的规划设计工作内容与协商审议式的评估机制日趋重要。

以迈向生态城市为目标的绿建筑评估机制，不断地细节化与扩大化，"批判性地域主义"的设计论述或许不是僵化的绿建筑实践之最佳解答，却是指出"评估机制"需要更多对设计智识与技术应用的开放性之参考性论述。

徐玉姈
（淡江大学土木工程学系）

葛康宁
(天津大学建筑学院 本科五年级)
杨慧
(天津大学建筑学院 本科五年级)

乡村国小何处去？

区域自足——少子高龄化背景下台湾地区乡村国小的绿色重构

What is the Future of Rural Elementary School? Self-Sufficiency: Reconstruction of Elementary School in Taiwan Under the Background of Aging and Low Birth Rate

■摘要：在少子高龄的社会背景下，台湾地区乡村和老人面临一系列的问题。笔者通过对这些问题的分析，以乡村国民小学为切入点，以国小闲置空间为契机，应用生态化设计策略及绿色建筑技术手段，对其进行功能空间重构，力图在校园尺度上发展出可持续的绿建筑体系；同时，在村镇尺度上实现区域自足，最终在空间泛域内形成自足网络。笔者希望通过对该设计的论述，阐明绿色建筑不应只是技术手段的堆叠，而是对现实问题予以多层次回应的可持续策略。
■关键词：区域自足 少子高龄化 乡村 小学 绿色建筑 改造
Abstract: Under the background of low birth rate and aging society, Taiwan villages and the elderly are facing a series of problems. Based on the analysis of these problems, we take the rural primary school as the breakthrough point, and take the vacant space of school as an opportunity to reconstruct the school with ecological strategy and green architecture technology. We hope to develop a set of sustainable green system to deal with the problem of rural and the elderly on the school scale, and to achieve regional self-sufficiency on the village scale. Finally, a rural area network is formed on the large regional scale. Through this design, I hope to clarify that green architecture is not simply stacks of technologies, but rather a multi-level response to practical problems in a sustainable strategy.
Key words: Self-Sufficiency; Aging with Low Birth Rate; Countryside; Elementary School; Green Architecture; Transformation

引言——乡村策略场

曾几何时，台湾地区的乡村在大多数人眼中是环境优美、空气清新、颐养天年的乐土，是城里人的后花园。然而，如今的乡村却和记忆中的场景相去甚远。公路和工厂在大尺度上改变着乡村的地形地貌，曾经辽阔的沃野被建筑和道路分割得支离破碎，工业带来了污染，资本从乡村向城市集中，村子里的年轻人被迫到城市谋生。这一系列现象导致乡村的生活环境在各方面都开始落后于城市。

另一方面，台湾地区面临着人口老龄化和少子化的社会问题，而乡村的老龄化速度远远快于城市，不仅老人的绝对数量在增加，而且整个乡村社会的结构也在快速老化。针对这一问题，是否有一种适宜的设计策略去拯救逝去的乡村和老人？

一、乡村现状问题的探究

针对引言中提出的问题，笔者自 2015 年 3 月 20 日～ 4 月 20 日，到台湾典型的农业县——云林县桐乡，展开乡村调研。

云林县地处台湾中部的嘉南平原，毗邻彰化和嘉义，是台湾传统的农业大县。该县在台湾西部县市中经济较为落后，历史古迹等旅游资源匮乏，缺乏明显的区位优势。简而言之，该县是台湾具有代表性的、以传统农业为基础产业的地区。根据现场的田野调查和既往研究资料分析，笔者认为云林县主要存在三大问题——环境的污染、人口老龄化、资本的流失。

（一）环境的污染

由于工业化的快速发展，台湾在 1970 年代末到 1990 年代中后期建设了大量的工厂。相比于城市的土地价格，乡村的土地价格更为低廉。因此为了降低生产成本，大量的工厂建设由城市向乡村转移。由于乡村地方政府对财政收入的追求，对工厂在乡村落地给予了更宽松的政策。然而这些于乡村兴建的工厂，往往是低附加值高污染的产业，如塑料加工、纺织等产业，并带来了一系列环境问题。

以空气污染为例，云林县的空气污染几乎是全台湾最严重的，污染指数远高于台北、台中、高雄等大城市。台大自 2008 年～ 2012 年执行的“沿海地区空气污染及环境健康世代研究计划”显示，距离台塑集团在云林县工厂 10 公里内的居民，癌症发生率比过去提高了 4 倍。乡村已经不再是空气清新的地方，乡民们持续饱受毒害及病痛折磨。已经向台湾塑胶、南亚塑胶、台湾化学纤维、台塑石化及麦寮汽电 5 公司高污染提告。

（二）人口老龄化

与工厂向农村转移的趋势不同，乡村人口尤其是年轻的劳动力向城市迁徙。目前台湾的人均收入情况表现为北部高于南部，城市高于农村。为了获得满意的收入和职位，大量乡村青壮年劳动人口进入城市。另一方面，台湾步入发达地区的行列之后，不可避免地出现了老龄化和少子化的趋势；在乡村，由于青壮年劳动人口的流失，这种趋势尤为明显。云林县的老化指数[1]高居全台第二位，仅次于嘉义县。这一来一去之间是对云林乡村空间结构和社会结构的巨大冲击。

（三）资本的流失

乡村的损失不仅体现在劳动力人口向城市转移，也体现在资本向城市流转的趋势。从三次产业占 GDP 的比重可以看出，农业产值占比逐年降低（图 1）。农业是乡村的支柱产业，农业的边缘化即是乡村的边缘化。这将进入一种恶性循环：当地所提供的货物和服务越来越少，越来越多的资金离开当地的循环系统，只留下少量的资金投资到本地。在自由经济中，如果不能增加乡村对资本的吸引力，使得一部分资本回到乡村改造乡村，那么乡村的再生将无从谈起。

二、老人现状问题的探究

（一）老人的身体问题

对于老人来说，最大的问题是身体机能的下降。调查研究显示[2]，老年人一次出行的最远距离约为 0.8km。体能的下降大大限制了老人的活动范围。另外，老人需要一系列医疗卫生保健设施，这些设施应该布置在距离老人住所较近的范围内，并应有通用设计的考量。

（二）老人的现实需求

虽然老人的生理机能减弱了，但是这不意味着老人的需求就减少了，相反，他们的需求存在某种特殊性，而目前台湾社会并未有足够的养老设施来满足老年人的这些需求，从建筑学角度出发的养老设计更是屈指可数。

指导老师点评

搜寻机会　准备未来

全球的都市都面对能源危机、极端气候、都市防灾与粮食安全等问题，权衡之下，答案似乎或多或少都指向乡村。因此，“乡村策略场”（Rural Strategy Field）以寻找乡村未来的机会与定位作为研究设计（R & D）的要求。

台湾地区的乡村经过汽车普及与经济变异，乡村已是城市远郊的枯竭之地。曾经蔓生滋长的廉价房舍，如今早已闲置散置；曾经无所不在的工厂道路，如今只剩撕裂破碎的农地。“乡村策略场”试图调整城乡的宏观架构，也针对特定议题提出具体答案，葛康宁与杨慧的设计论文则是其中一件漂亮的设计响应。

台湾地区早年的乡村小学与公共建筑大多位居曾经的村镇中心（town center），是商业、行政、人居与宗教的聚集之所，如今学子凋零，校地低度使用，乡村小学成为难得的机会，应是“乡村未来”的战略之地。葛康宁与杨慧的设计方案，发挥地利之便，以学校为基地，汇集商业与民生需求，收纳高龄照护、银发住宅、孩童学习、小区服务、社交休闲等功能，聪明地发挥协同效益（Synergy），将校园转换成乡村未来永续发展的能量中心。建构层层相叠的共生循环系统，发挥设计的力量，将既有的资源做最适（ultimate）与互利的安排。

葛康宁与杨慧的方案提供城市老人另类的生活选项，由委屈寄生的都市生活替代成自主健康的田园生活。尤有胜者，学生们不同概念的土地开发模式，承载着重要的隐性企图，除了兼顾环境与社会的永续发展，它们更有财务永续的试算基础，因此，均可微调复制，成为乡村条件类似的在地原生方案。我们特别感谢廖志桓建筑师与林金立理事长，持续地提供我们土地开发与高龄照护方面的专业知识，协助我们贴近真实。忝为设计教育的一环，我们训练学生对待真实世界，有想象力，也有执行力，说到做到，不流于意识形态，不自溺于空谈幻语。

毕光建

（淡江大学建筑学系，副教授）

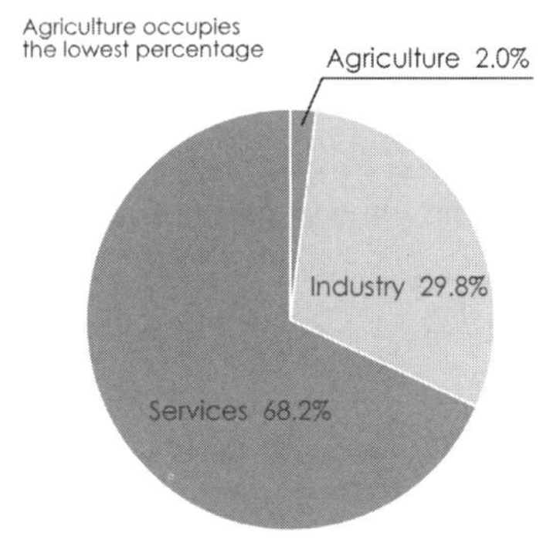

图 1 台湾三次产业比重

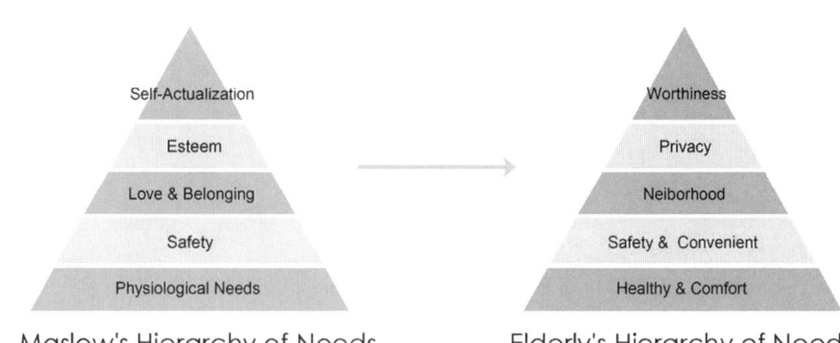

图 2 老年人的需求

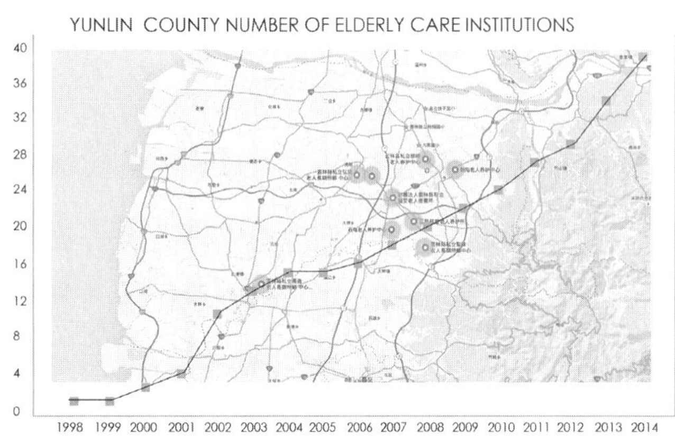

图 3 云林县养老机构分布和数量变化

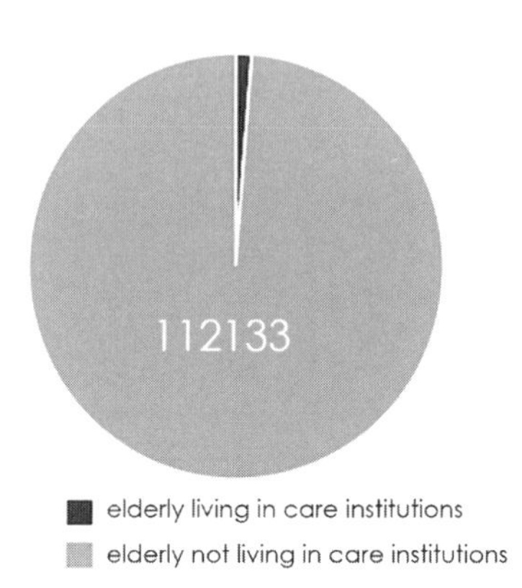

图 4 云林县老人享用养老设施比例

马斯洛将人的需求分为五个层次，他认为人必须满足低层次的需求，才能满足高层次的需求。我们从马斯洛的需求层次理论出发，根据正常人的需求层次，归纳总结了老年人的具体行为需求（图 2），同时意识到我们的设计应该考虑满足老人不同层次的需求。

三、区域自足：对待今日乡村和老人问题的新策略

（一）传统对待乡村和老人问题的策略

既往策略常常把乡村和老人的问题当作负担。政府往往采用被动的策略，比如增税、增加公共投资、增加外劳、延迟退休年龄等。这些策略都没有利用乡村和老人自身的优势。随着老龄化的加速，尤其是乡村老龄人口的迅速增加，这些传统的策略变得难以为继。

以云林县 桐乡为例，按照台湾“内政部”的统计数据，十几年来云林县的养老设施数量一直呈快速增长的趋势，截止到 2014 年云林县共有养老设施 40 个[3]，然而这依然远远满足不了庞大的养老需求，仅有不到 3% 的老人可以享受到这些设施（图 3，图 4）。并且在有限的养老设施中，多数以机构式养老为主，无法满足老人多层次的需求。另外，台湾养老金缺口持续扩大，入住老人缴纳的费用根本无法满足养老院的日常开支，必须依赖政府补贴勉强维持。同时，这些养老设施孤立于乡村社区，无法与社区互利互惠，乡村继续沉寂。显然，传统的策略效率低、效果差，在给社会和家庭带来巨大负担的同时并没有明显改善老人的生存环境，也难以在可预见的未来改变乡村的生活环境，这些策略已经无法回应今日的老人和乡村问题。

（二）回应当下的策略——区域自足

笔者认为乡村和老人绝不是负担，只要能够因势利导，完全可以有所作为，因此我们提出区域自足的策略。自足社区本身不是一个全新的概念，曾经有多名建筑师、规划师提出过永续农业、土地混合利用、生态社区等概念[4]。

但是目前尚无针对台湾地区乡村和老人这一具体问题的策略。我们提出在自给自足的概念前加上区域的限定，一是因为前文所述的老年人活动范围的限制；二是因为，今日的台

湾地区乡村的形态是沿着道路蔓延开来的线性村庄，如果没有私人交通工具，老人小孩等弱势群体在生活中处处受限。因此我们希望在 500 ~ 800m 的尺度上，以乡村国小为核心，构建自足体系。这个体系包括：能源自足、水自足、食物自足、精神自足和资金自足（图 5）。

四、村镇尺度的自足体系

（一）线性村庄的自足困境

实现区域自足的第一步即是限定区域的尺度。基地位于云林县的边缘地带——莿桐乡，它距离中心城镇斗六市 7.5km，距离莿桐乡公所 3km。完善的公路网络联结了基地和周围的其他村庄。

公路和私人汽车、机车在大尺度上改变着乡村的地貌，台湾西部的平地乡村沿着公路网蔓延开来，呈现线性村庄的形态（图 6）。因为在汽机车主导的交通方式下，有公路的地方，运输更加便利，交通更为方便，因此建筑物往往沿路而建。道路成为主导，村庄失去中心。饶平国小周围的乡村即是如此。饶平国小被三个行政村包围，分别是饶平村、兴贵村、四合村，每个村的人口在 2000 人左右。国小门前的饶平路是连接各个村庄的主要道路，宽约 14m。村子中几乎所有的商业和服务设施都在饶平路两侧，住宅则分布在靠路稍远的地方（图 7）。

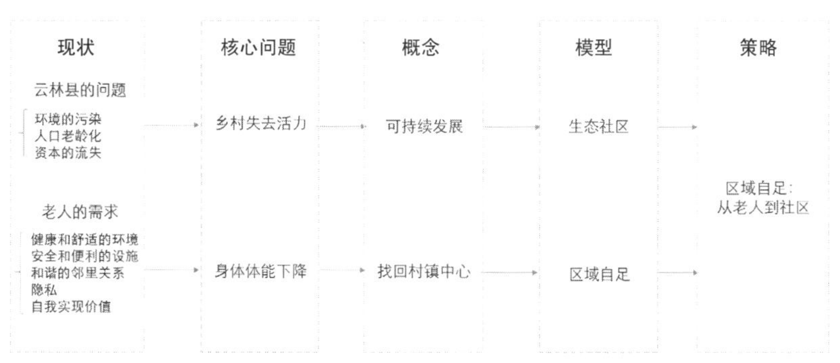

图 5　区域自足概念的形成

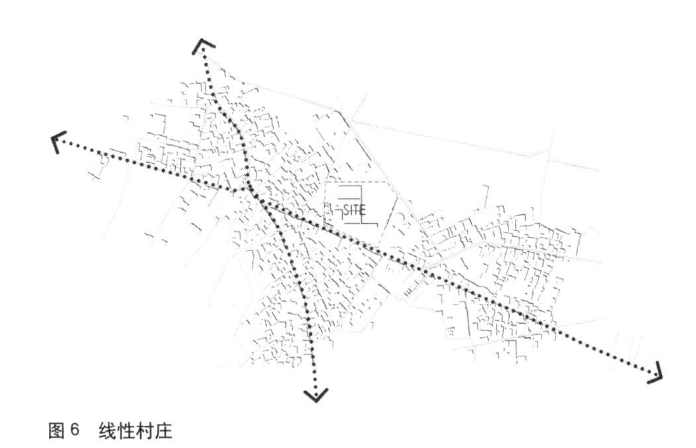

图 6　线性村庄

图 7　饶平国小和周围村庄航拍图

指导老师点评

当形式成为一个系统

理想国和乌托邦一直是建筑师设计和营造的梦想，这可能是因为建筑师是一群对现实最容易产生不满的人，更是因为乌托邦的设计溯其本源是一个系统的创造，其带来的满足要远远超越形式的实践带来的乐趣。

在我看来，与其说葛康宁和杨慧的文字是一篇论文，倒不如说是一项之于少子高龄社会趋势下的、有关乡村社区营造的设计。事实确也如此，两位同学在毕老师的指导下，利用半年的时间对台湾少子高龄社会背景下的云林乡村展开调研，针对系列性的社会问题，从产业、公共建筑资源的冗余和类型变更等问题，借助设计进行了探讨。而呈现在此的论文，不过是他们以文字的形式对问题的提出、问题的分析、设计的过程和最后设计的结果做出的描述。

2012 年以来，我有幸于三年间多次和毕老师一起指导学生课程设计，天大的多位同学也在他指导下的淡江大学四年级 Studio 中进行设计学习，而且设计任务是持续了十余年的有关乡村小区营建的题目。在设计过程中，同学远涉乡村去了解真实的社会问题，尝试以建筑为技术手段去提出适合的策略——而且通常为力图激活消极社会资源的双赢策略。在这个课程框架下，空间的架构、形式的本体以及建造技术的真实考虑将一并为了系统策略的前提而服务。或者套用葛、杨两位同学论文摘要中的最后一句——建筑不应只是针对某一任务书的形式的堆叠，而是对现实问题予以多层次响应的策略，其最终完成的应是现实和理想博弈之后的平衡。最后，祝贺两位同学于此文中描述刻画的设计案获得2016年联合国ICCC国际设计竞赛第一名。

张昕楠

（天津大学建筑学院，副教授）

这样的村落形态导致居民们很难在步行可达的范围内获得便利的生活服务，必须通过交通工具才能满足基本生活需求。对于老人、小孩，这个矛盾尤为突出。我们希望重新找回村镇中心，让居民们能在步行可达的范围内获得基本的生活服务，实现村镇尺度上的自给自足。

（二）基于乡村国小的村镇重构

为什么选择饶平国小作为基地呢？首先，由于台湾地区日渐明显的老龄化和少子化趋势，老年人口逐年增加，而新出生的人口逐年减少（图 8，图 9）。根据台湾地区“内政部”从 2010 ~ 2015 年的数据显示，老年人口每年递增 5%，而小学学生数每年递减 3%，在可预见的十年内，这种趋势不会改变。由此带来的后果是云林县养老设施明显不足而国小教室大量闲置、面临撤校并校的局面。就饶平国小而言，目前有教室 40 间，但是 17 个班级只使用了不到 20 间教室。其次，台湾地区的土地制度是私有制，利用社区居民的私有土地进行改造几无可能，而国小的土地是政府所有的，改造的难度将大大降低。最后，国小已经存在了几十年，往往处于村镇的中心位置，以饶平国小为圆心，500m 半径范围内可以完整覆盖周边三个村庄。综上所述，以饶平国小为中心，以国小闲置空间为切入点，建立区域自足体系，具有现实上的可操作性。

（三）建构复合功能的村镇中心

我们选择饶平国小的闲置空间和土地去重新建构复合功能的村镇中心，使得附近的居民可以在此获得必要的生活服务设施，以改变目前村庄周围公共服务设施匮乏的问题。

这个中心除了包括保留的学校和改建的养老设施外，增加了一个社区餐厅、一个社区图书馆、一个室内健身房和一个室外的篮球场来服务社区居民，满足基本的餐饮、运动和文化需求。我们在学校临饶平路一侧布置了沿街商店和露天市场，沿街商店可以提供必要的商业服务，而露天市场为居民自发的买卖行为提供了场所，社区公共设施则为商业汇聚了人流。以复合功能的村镇中心为核心，覆盖 500m 范围内的三个村庄近 6000 人，形成一个村镇尺度的自足体系（图 10）。

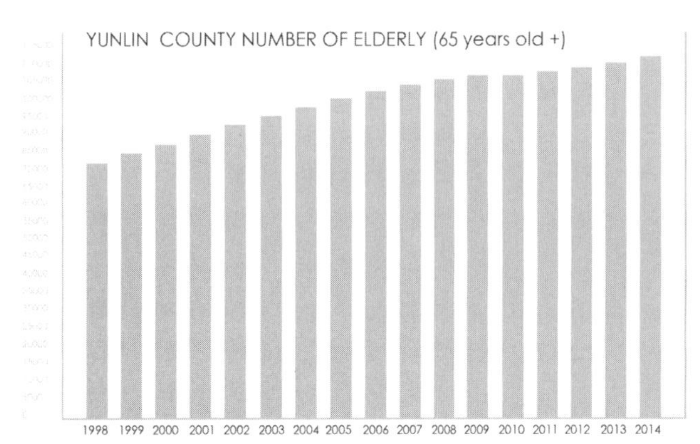

图 8 云林县老人数量变化趋势

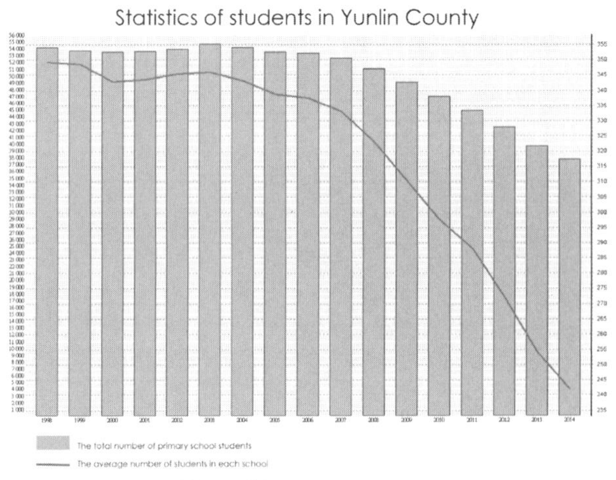

图 9 云林县小学学生数变化趋势

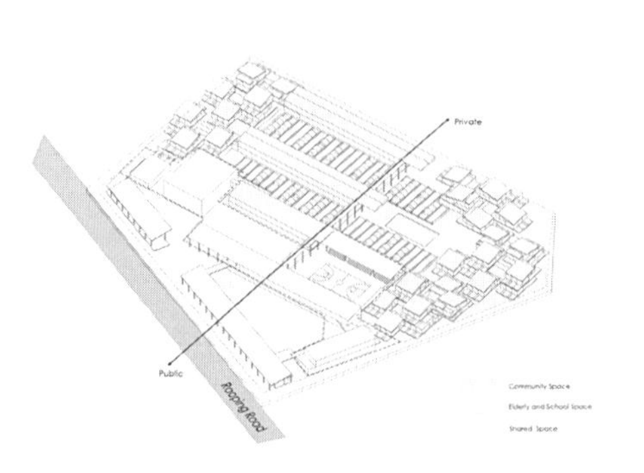

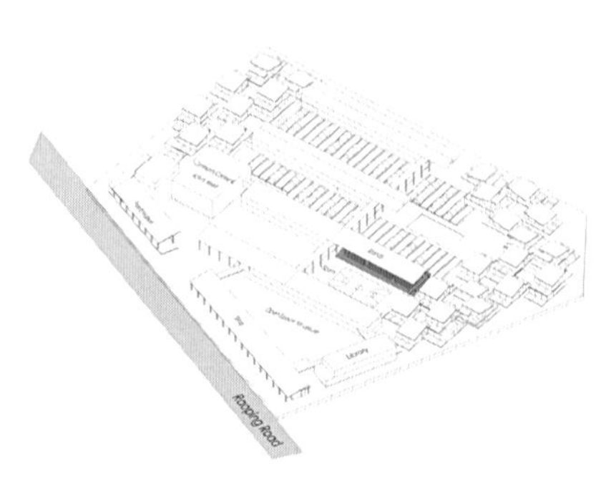

图 10 村镇尺度的自足体系

五、校园尺度的自足体系

（一）老人设施与学校的结合

我们根据饶平国小周围三个村庄的总人口数和云林县平均的老年人口比例计算了周边村镇的老年人口数量。其中 65 岁以上老人约 836 人，80 岁以上高龄老人约 251 人。将养老设施和国小闲置空间相结合，建立一个多样化的养老场所，提供 100 人的老人住宅，60 人的日间照护，40 人的长期照护（图 11）。所有老人住宅为新建，配置于校园东西两侧，而日间照护和长期照护利用原有教学楼改建，置于二层，原有教学楼的一层仍然保留为教室（图 12，图 13）。

1. 老人住宅

老人住宅面向所有的健康老人，尤其是居住在台北、高雄等大城市中，希望晚年能够感受乡村生活的老人。目前台湾地区的养老设施普遍具有“机构化”的问题，养老院从

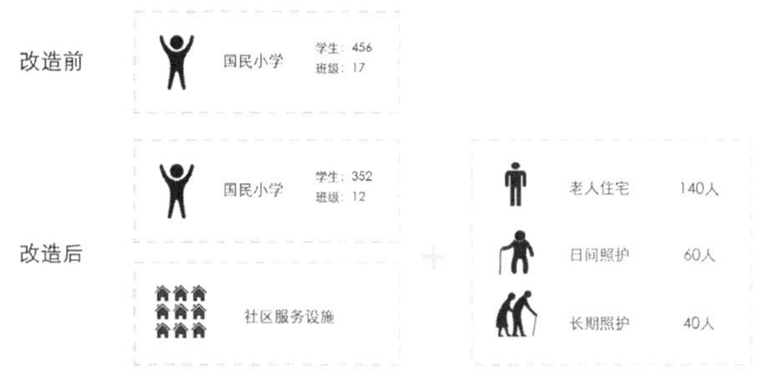

图 11　校园重构方案

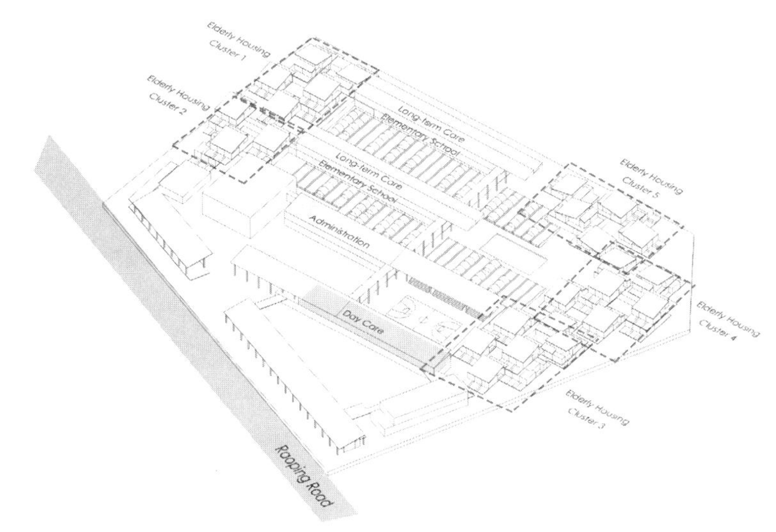

图 12　校园重构后的功能配置

图 13　校园重构后的鸟瞰图

评委点评（以姓氏笔画为序）

读“乡村国小何处去”一文，首先让人感受到的是作者根植于内心的悲悯情怀。正是这种情怀让作者去观察、去思考、去探究一种解决乡村老龄化与少子化问题的可行方案。此方案有一定的推广应用价值。其次，论文让人感受到的是技术与人文相结合的美感。发展绿色建筑技术的意义不仅仅是节能减排，减少资源浪费，更为重要的是技术要为最需要的人服务，为解决社会问题服务。再次，论文让人感受到的是作者出色的建筑方案设计能力。好的建筑设计方案一定有思想、有底蕴、有亮点。此文是扩大版的方案设计说明书，图文并茂、思路清晰、大方得体。

马树新

（北京清润国际建筑设计研究有限公司，总经理；国家一级注册建筑师）

本科组一等奖论文被台湾地区老师和内地天津大学老师共同指导的学生获得，题目是“乡村国小何处去”。这篇文章的可贵之处有以下几点：第一，作者直接深入底层做了大量的调研，深入调查了乡村的问题和老年人的状态，找准了问题及其结合点。其二，由于做了深入的调研，所以论文十分有针对性。论文通过对这些问题的分析，以乡村国民小学为切入点，把国小闲置问题和老龄人群养老问题结合起来，同时提出了应用生态化设计策略及绿色建筑技术手段，对闲置国小进行功能空间重构，用作老龄人群的养老设施。这三者的结合是很巧妙的。第三，作者结合实际工程所做的设计是高水平的，构思、分析和表达浑然一体，令人感觉论文成果十分扎实。

本文获得本科组一等奖，应该是众望所归，我以为也是当之无愧的。

仲德崑

（《中国建筑教育》，主编；深圳大学建筑与城市规划学院，院长，博导，教授）

设计到管理照搬医院，老人被视作病人，活动范围被限定在病房，并且随时受到来自于照护人员的监视，毫无隐私可言。对于年纪较轻的健康老人而言，一方面他们仍然具有较强的活动能力，另一方面他们愿意接受外界的新鲜事物。这样的机构式养老显然是他们所不能接受的，因此这些老人宁愿独居，也不愿意进入养老院。

然而目前独居的健康老人在家养老问题重重。第一，独居老人身边没有子女陪伴，内心孤独空虚；第二，独居老人若突发疾病，不易被发现和及时救治，风险很高；第三，普通的住宅和公寓对于独居老人而言并不适宜，居住面积过大，又缺少适老化设计，老人花了高额的租金，却没有享受到高品质的生活。为了应对这些问题，笔者提出一种老人之间互帮互助、协作共享的居住模式。它打破了常规机构式养老和普通公寓的空间模式，以“聚落和单元”重新定义属于老人的生活空间。

(1) 老人单元：每四位老人共享一个老人单元，他们共享单元内的客厅、餐厅、厨房和洗衣房。老人拥有自己独立的卧室和卫生间。其中两个单人间、一个双人间，分别满足独居老人和老人夫妇的需求。每个卧室的外侧有一个 $6m^2$ 的私人庭院，满足老人平时种植各种植物的喜好。每个单元有一个公共的户外平台供老人晒太阳、聊天等。这样的老人单元更像一个田园之家，既满足了老人对隐私的需求，又有大量的公共空间供老人共享，老人不必再担心没人说话，也不用担心一个人做饭做少了品种单一，做多了吃不完浪费的情况。整个单元总建筑面积仅 $140m^2$，平均每个老人所占不到 $35m^2$，可以帮助老人节省大量居住成本，同时提高了老人的生活品质（图 14）。

(2) 老人住宅聚落：邻里关系一直是居住中的重要考量，老人尤其在乎和街坊邻居的关系。为了让老人生活如家，将五个老人单元构成一个老人聚落。五个老人单元共享中间的两个聚落庭院和一个约 $60m^2$ 的集体活动室（图 15）。

老人可以在公共活动室中一起进行下棋、缝纫、编织、包粽子等集体活动。老人聚落通过活动室一侧进入，再经过聚落庭院进入老人单元，形成了丰富有层次的空间关系和行为。

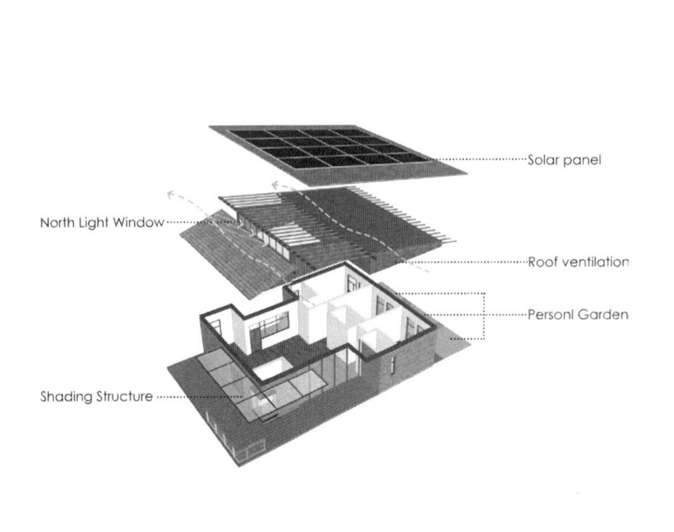

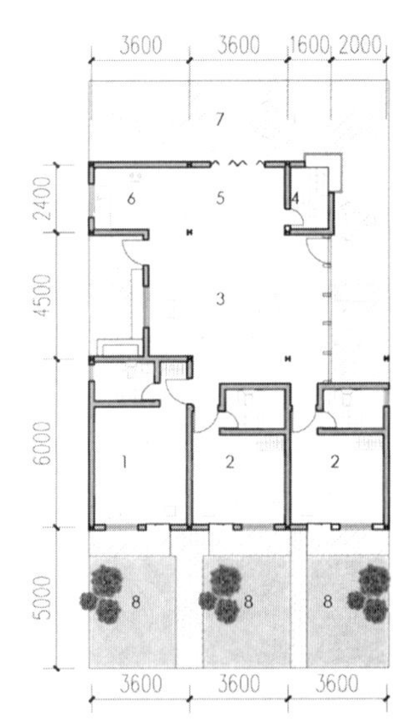

图 14 老人住宅单元

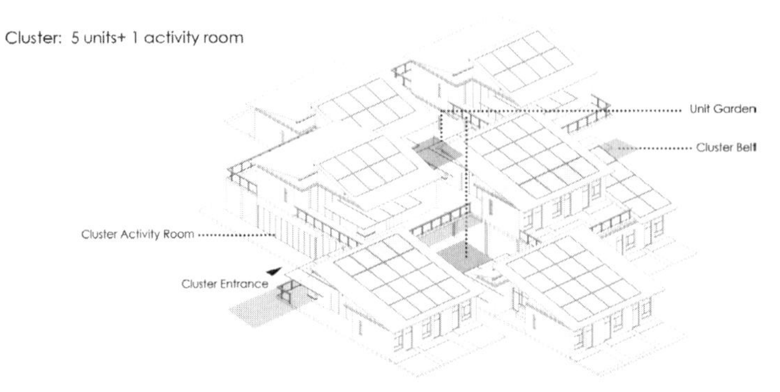

图 15 老人住宅聚落构成

图 16　老人住宅聚落剖面

单元的配置同时考虑了自然通风、雨水收集、生活灰水的处理等。建筑的墙体采用当地的速生竹作为主材料，减少了建筑原料的运输能耗，同时竹子本身是一种可回收材料。最终我们营造出绿色化的建筑和绿色化的生活方式（图 16）。

我们希望发挥乡村的优势，为这些老人提供一个在田园环境中安度晚年的理想之所。这些来自大城市的“质感银发族”[5]，本身的经济能力较强，他们来到乡村，可以为乡村注入资本和活力，为乡村再生提供机会。

2. 日间照护

老年人日间照护，是一种介于机构式养老和居家养老之间的养老模式。它主要针对一些高龄、无法自理的老人。这部分老人身患疾病，生活自理困难，而子女由于工作繁忙，白天没有时间照护老人。然而这些老年人又不愿离开社区、不愿远离子女，他们宁可“独守空房”，也不愿到养老院。

因此，笔者将最南侧的教学楼的二层改建为日间照护中心，主要面向附近三个村庄需要日间照护服务的老人。这个中心主要提供两类服务，一是为生活不能自理而子女白天在外工作的老人提供“日间托老”服务，减轻家庭养老的负担；另一类更重要的服务是针对患病老人从医院出院到完全康复的中间阶段，进行一定的康复训练。以中风这一老年人的常见病为例，发病后一年内经过专业的康复训练，绝大部分病人可以恢复完全的行动能力。可悲的是，目前台湾大多数老人一旦中风，余生只能在轮椅和养老院的病床上度过。这一事实也表明设立社区日间照护机构的重要性和紧迫性。

除了必要的康复训练，日间照护还为老人提供了学习的场所，可以进行阅读书籍、在社区教室听课、看电影等活动，还可提供老人午餐和午休的空间。因此我们将日照中心设计成一个开放式的大空间，以利于不同功能间的灵活转换，同时对家具也进行更加灵活的布置。日照中心既担负社区居家养老协助的任务，也为居家养老的老人提供定期体检和保洁的服务（图 17）。

3. 长期照护

长期照护，就是在持续一段时期内给丧失活动能力的老人提供一系列健康护理、个人照料和社会服务项目。与日间照护相对时间较短不同，长期照护的对象是慢性病患者和残障人群，这些老人需要长期居住在照护中心。

我们设计的长期照护空间主要面向附近三个村庄中的对应老人。照护的内容包括从饮食起居照料到急诊或康复治疗等一系列正规和长期的服务。我们将原有教学楼靠北侧较私密的两栋的二层改为长期照护空间。在不改变原有混凝土框架结构的基础上，根据老人的活动需要，将原有的走廊移到中间。走廊北侧是老人的卧室，而南侧则是公共空间和护理站。我们还在教学楼东侧端头处扩建了一个公共空间来提供更丰富的集体活动。

长期照护主要是为了提高失能老人的生活质量，而不是仅仅解决特定的医疗问题。因此摒弃传统养老院的“病房式设计”，每个房间仅两位老人。通过改建原有的铁皮屋顶，实现了走廊和房间的自然通风和采光，并安装太阳能电池板发电。老人的餐厅由原有小学活动中心改建而来，同时服务老人、小学和社区，并在非用餐时间兼作活动中心，通过共享和复合功能达到资源和人力综合利用的绿色效果（图 18）。

评委点评（以姓氏笔画为序）

这是一篇紧紧抓住当代社会少子高龄重大问题，尝试以建筑设计的手段去干预和改良，并部分解决社会问题的实践性论文，更准确地说，是一篇基于特定对象设计实践的策略汇总说明。

笔者通过问题分析，定义并发展了老人的需求层次。抓住老人这个特定人群的最重要的行为特征，基于国小规划建设时生活区服务半径的规范限定，选择以国小为改造核心，且国小土地的性质也恰恰满足非私有土地改造的可能，其论文的切入点正确而巧妙。其后一些改建策略、精神行为的分析与表达也细致入微，特别是对布局及营建方式（BOT 模式）的考量更体现出一位建筑师对环境空间营造的细心把握、项目建设全流程的掌控和高度的社会责任感。文风质朴清晰、表述简洁明了，是一篇值得称道的优秀论文。

庄惟敏

（清华大学建筑学院，
院长，博导，教授）

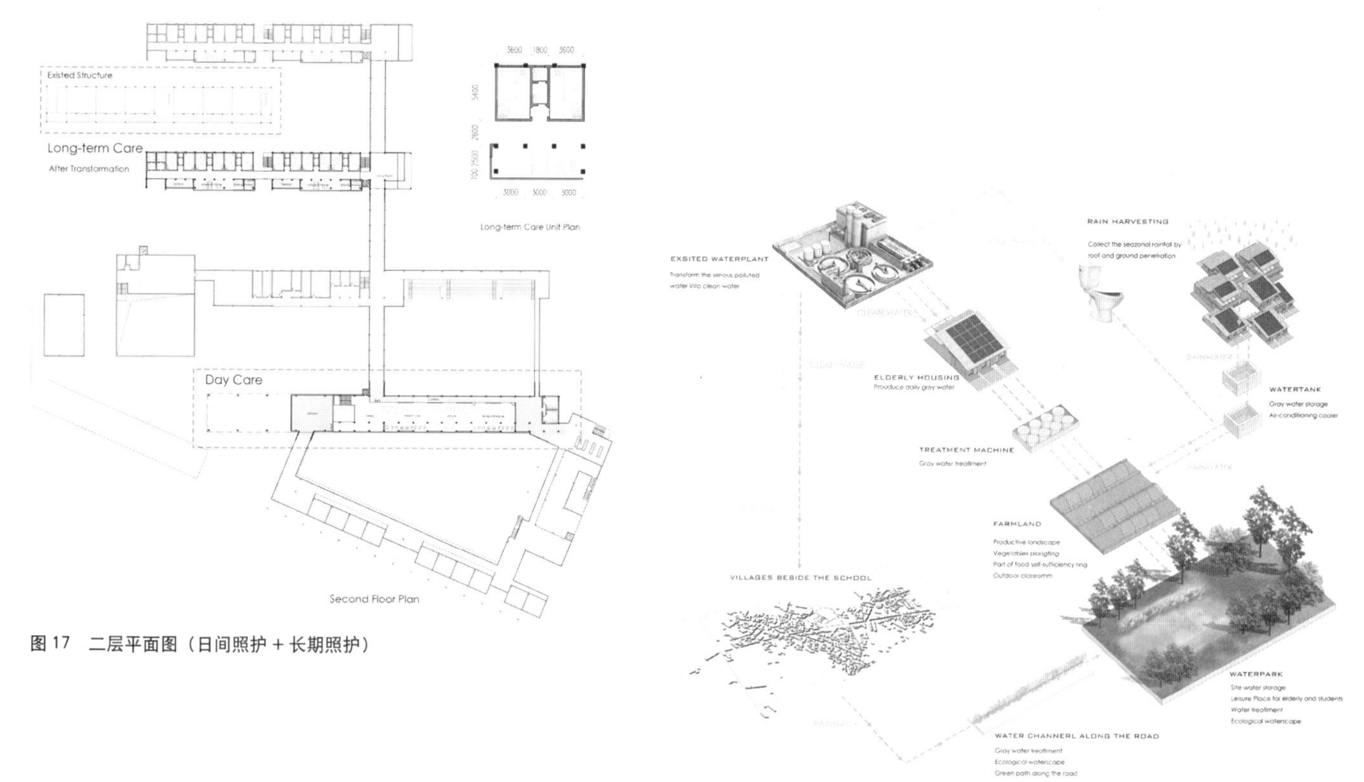

图 17　二层平面图（日间照护 + 长期照护）

图 19　水自足系统图解

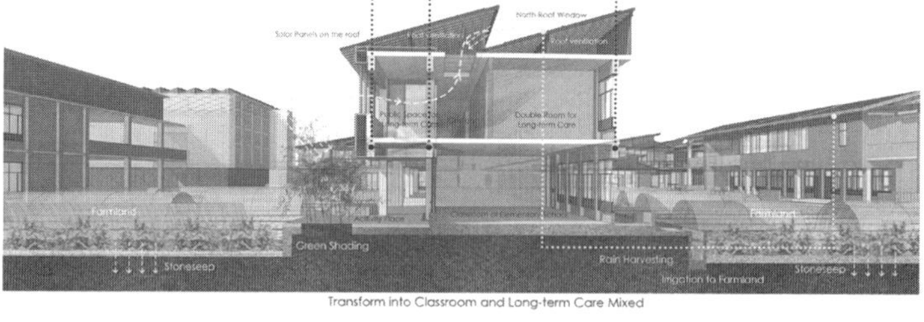

图 18　长期照护空间的绿色改造

（二）四种自足体系的建立

我们希望在校园尺度上建立自给自足的体系，并对更大尺度上的自足系统起到示范和推动作用。

1. 能源自足

云林县是台湾日照资源最丰富的地区，平均日照时长 3.51h，因此我们希望利用太阳能发电实现能源自足。我们在新建的老人住宅的屋顶和改建原有的教学楼的屋顶来安装太阳能电池板共计约 6500m^2。另一方面，我们采用了一系列的节能措施来降低建筑物的能源消耗，包括改造屋顶形态实现自然通风，安装地源热泵系统代替空调，安装双层玻璃，利用植物遮挡夏日阳光和冬日的东北季风等。经过计算，通过这一系列的绿建筑技术，基地上的发电量可以满足复合校园的用电需求，并可在日照丰富的时段出售少许电能。

2. 水自足

云林县年平均降水量 1500mm，雨水充沛，但是时间分布很不均匀，降水多集中在 5 ~ 9 月的雨季，在某些年份会出现旱季缺水的情况。我们计算了校园内的用水量，发现通过雨水收集可以基本实现水的自足。利用雨水收集和灰水再利用的方法解决旱季缺水的情况。通过水在场地和周围村庄的流动，同时塑造生产性和生态性的水景观（图 19）。

雨水经坡屋顶汇集到建筑物附近庭院下方的集水罐，而来自老人住宅的生活灰水经过生态处理后同样进入集水罐。较难处理的卫生间污水则进入附近既有的污水处理厂以降低处理成本。集水罐中的水的主要用途是在雨水不足时灌溉场地中间的农田和老人的花园，同时可用作家务清洁用水。整个校园布置了一套灌溉水系统，雨水沿着地下水管和地上明沟进入农田，灌溉剩余的水会进入校园中央的生态池，生态池主要调节基地的水量平衡，同时汇聚来自周边村庄的雨水和灰水。生态池中种植水生植物起到改善水质的作用（图 20）。

3. 食物自足

2012 年台湾的食物自足率仅 30%[6]。云林县是台湾最大的农业县，盛产大蒜、杨桃、文旦等农作物，因此我们希望实现食物上的自给自足。根据台湾人均耕地面积计算，我们发现仅仅使用校园内的土地种植农作物难以实现食物自足。因此我们的食物自足策略是建立一个食物自足圈，将校园外的土地和人纳入这个系统。校园内的农田主要种植四季时蔬，根据雨季和旱季分别种植不同气候适应性的作物，为老人和学生提供当季的新鲜蔬菜，并成为老人劳作休闲、学生田野学习的场所。校园外的大片土地则供给主食、肉类、乳制品等。将学校的餐厅开放为社区餐厅，增加社区居民的饮食选择。并在学校沿街一侧建立一个露天市场，方便周围的乡民到此进行农产品的交易，既增加了乡民收入，又弥补了食物自足性的不足（图 21）。

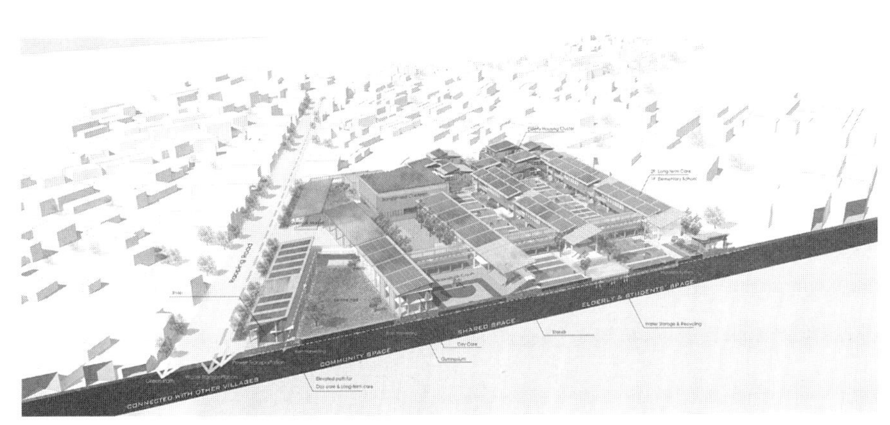

图 20　校园水自足系统

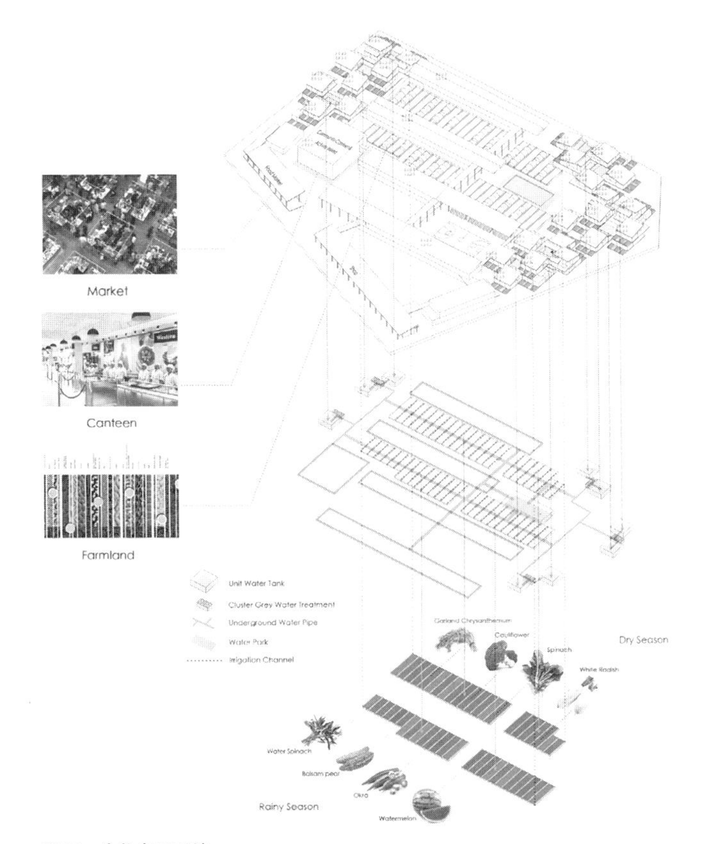

图 21　食物自足系统

评委点评（以姓氏笔画为序）

本文以台湾地区少子高龄化背景下，一座乡村小学的前世今生与绿色重构为主线，通过细致观察与社会调研（部分调研内容已切入人类学范畴），“应用生态化设计策略及绿色建筑技术手段，对其进行功能与空间重构”。文章显著的优点是：第一，调研策略远超出技术层面及社会现象层面，显示了作者良好的对于项目制约条件的精准理解；第二，在超出建筑范畴的“规划”尺度内，亦对校园重构设计作出区域性分析与推导，且衔接自然；第三，在建筑层面，室内外空间的设计始终追求人文关怀与物质自足体系的建设，导向清晰、明确、自洽。可以说本文是一篇训练有素又不失个性的优秀本科论文。

文章可以改进的两点小建议：一是本文前半部分论证似可精简，以使解决问题的部分更为突出；二是文章题目中“区域”二字，在全文前后论述中界定略显模糊，也许文中的“区域”是一个泛指，涵盖了村域、镇域、县域多重尺度，但对读者来说，在阅读时必须要提高辨识力方可精准理解。

李东

（《中国建筑教育》，执行主编；

《建筑师》杂志，副主编）

乡村更新、社区养老和绿色生态是我国当前建筑设计研究与实践的关键词。论文在台湾云林县 桐乡养老设施不完善，以及饶平国小未来将出现空间闲置等调查研究结果的基础上，从“村镇尺度”、“校园尺度”和“区域尺度”三个层面，分别提出：构建步行范围内复合功能的村镇中心；结合学校空间建立老人住宅聚落、照料看护中心和能源、水、食物等绿色自足体系；以及将各绿色自足体通过公路网络联结，从而形成区域绿色自足网络的理论构想。这种多层次的复合型策略，对我国未来乡村更新和养老产业发展具有一定的借鉴意义。

论文结构严谨、论点明确、内容充实、图文并茂，尽管文章内容涉及乡村、养老和绿色建筑等不同领域，但逻辑和条理清晰，是一篇优秀的本科生论文。

张颀

（天津大学建筑学院，

院长，博导，教授）

图 22　精神自足——丰富的老人和校园生活

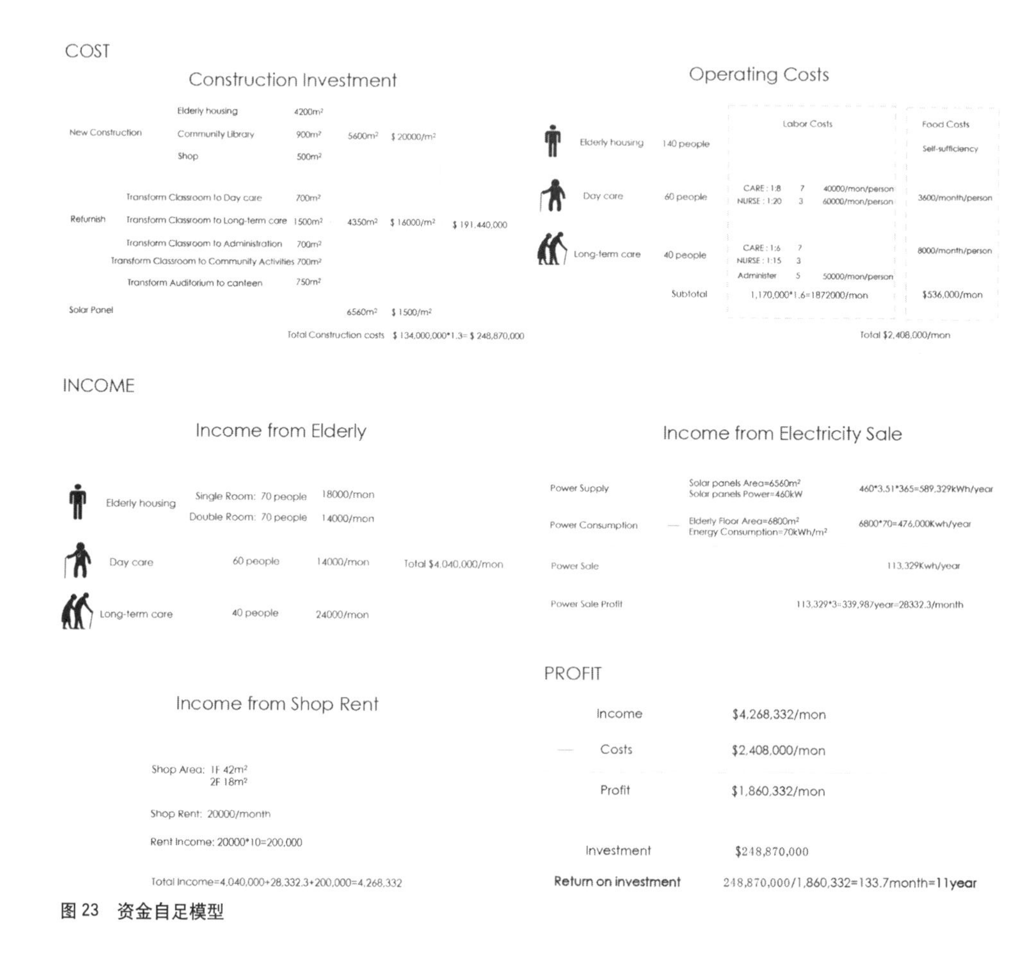

图 23　资金自足模型

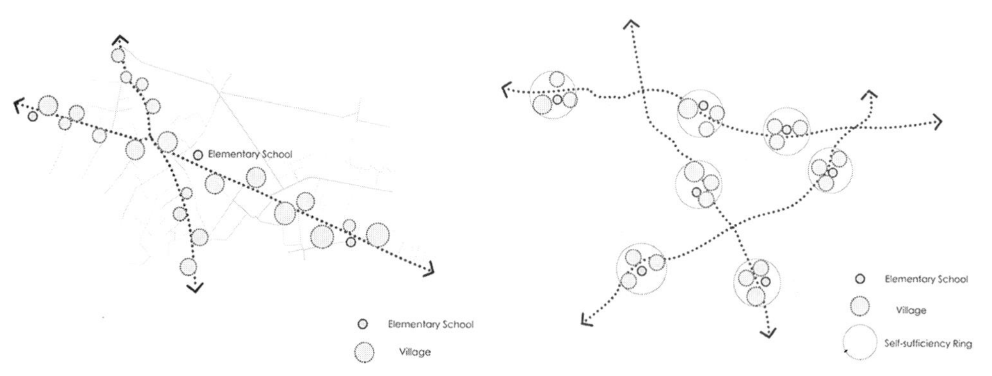

图 24　从线性乡村到区域自足

4. 精神自足

我们希望老人不仅能够在物质上实现自足，更重要的是在精神上自足。精神自足的关键是帮助老人找到生活的重心。由此我们提出“半宅半园”、“半农半闲”的概念。

（1）半宅半园：我们将老人的生活空间一分为二——室内的“宅”和室外的“园”，并希望这两种空间相互渗透。在“宅”中，老人休养生息，他可以在宅子中和其他老人聊天、看电影、休息、烹饪、接受治疗等；在园中，老人活动筋骨，他可以跑步、散步、种植作物等。宅园生活相互交替，既有生产性的公共农地，又有观赏性的个人花园，以此丰富老年人的精神世界。

（2）半农半闲：老人选择在乡村养老，主要是想感受乡村的田园风光。我们在校园的中间部分开辟出生产性的农地，让老人作为一个劳动者，从事生产性的劳作，发挥余热。而老人的另一半时间会安排从事休闲活动，即老人所感兴趣的事物，如教小学生烹饪、手工，在学校里学习书法、绘画，作为当地向导等。我们希望通过这些活动让老人找到自己的爱好和价值，最终达到马斯洛的最高需求层次——自我实现（图 22）。

5. 资金自足

目前乡村一系列问题的根源之一在于资金不足。乡村投资回报难度大，个人投资者不愿意投资乡村，政府又无足够资金解决乡村问题。因此设计一开始就考虑了项目的商业可行性。我们调研了云林县其他养老机构的收费标准[7]认为，在不高于其他机构的收费标准情况下，我们仍然可以通过上述设计实现高品质的养老环境和稳定的资金收入。

项目投资主要用于新建老人住宅和改建校舍。收入来自老人每月的缴费尤其是老人住宅部分，沿街商铺的租金以及少量太阳能发电电力收入。由于一系列共享式的设计，学校、社区、老人住宅共用后勤人员和设施，将大大缩减人力成本。水电以及食物的自足又可以降低运营成本。因此虽然初期投入较大，但是预计在 11 年左右就可收回投资实现盈利。采用 BOT 模式[8]引进民间资金，给予投资者 20 年的经营时间，到期后由政府收回。在前 20 年，政府无需再为养老设施投入资金扶持，20 年后，该项目将带给乡村持续稳定的资金收入（图 23）。

六、区域尺度上的自足网络

今天的台湾地区乡村已经被发达的公路网络联结，我们可以很轻松的找到一所所像饶平国小这样的学校，它们被村庄包围，同时毗邻道路。这些村庄与饶平国小附近的村庄面临着同样的问题，可以采取同样的对策。因此我们希望将上述的策略应用到更多的学校中去。每个学校和附近的村庄形成一个小的绿色自足体，这些绿色自足体通过道路联结，发生物质和信息交换，最终将构成整个云林县的绿色自足网络。借此来改变线性村庄的自足困境和缓解老龄化、少子化带来的社会问题（图 24）。

七、结语

随着经济的发展，中国将快速进入老龄化社会，而生育率也不断降低。今天台湾地区乡村的问题很有可能成为内地明天的问题。今天我们的社会刚刚触及到老人的养老问题，还在用不断新建大体量的机构式养老院去满足日益紧张的养老床位需求。然而，老人在机构式的养老院中的生活质量低下，对生活失去信心，大多数老人不到万不得已不愿进入养老院，这就足以让我们反思现在的设计是否合宜。另一方面，国内的绿建筑设计也才刚刚起步，绿色建筑技术在设计过程中角色模糊、绿色规划思维的匮乏，都让我们作为未来的建筑师，看到了绿色建筑发展的广阔前景和巨大潜力。

通过对饶平国小设计的阐述，仅仅是对这些现实问题做出一种可能性的回应，并希望引发相应的思考。绿色建筑和绿色规划不该是单纯的某一建筑单体的技术支撑元素，不应是各种技术的堆砌和重复，也不应仅仅满足于纸上的规范，而是以更宏观的角度直面社会的现实问题，在各个尺度上有多角度多层次的回应，并给出一套全面可行的策略。

评委点评（以姓氏笔画为序）

论文以解决当代台湾地区“老龄化、少子化”社会背景下养老设施匮乏这一焦点问题为切入点，研究了将既有闲置学校建筑进行功能重构、环境重塑与品质提升改造为养老设施的设计策略；探索了通过低技绿色建筑设计手段，建立能够实现能源、资金、供给、精神等层面自足的养老服务模式，最终形成校园尺度与区域尺度的养老自足体系。论文选题具有很强的现实意义，论文作者能够以较为广阔的研究视阈去分析问题，为当代既有建筑改造与养老问题解决提出了现实可行的操作模式。

梅洪元

（哈尔滨工业大学建筑学院，
院长，博导，教授）

“乡村国小何处去”一文的可贵之处有三。其一，作者对乡村社会生活有一种难得的敏感与体察；其二，作者对有关空间、功能、技术等基本专业知识的综合运用，契合了论文开宗即已言明的特定问题，虽为论文，亦能见出其设计之实力；其三，论文写作直击现场问题，论述删繁就简，逻辑清晰，为初涉研究习作中不多见者。该文于清新之气中见物、见人，见情、见理，值得观摩学习。

韩冬青

（东南大学建筑学院，
院长，博导，教授）

注释:

[1] 老化指数 = (65 岁以上老年人口 /15 岁以下儿童人口) ×100%

[2] 数据来源:张明伟,邹晓英. 从环境心理学角度探索老年人休闲环境设计 [J]. 黑龙江科技信息,2010,04:267.

[3] 数据来源:"内政部"统计处,台湾统计信息网,老人福利服务一项的相关统计.

[4] 1992 年,马克·罗斯兰德出版了《走向可持续社区》,书中为可持续社区进行定义。美国的 Civano 生态村、Westminster Square 生态村、Alpine Close 生态村;丹麦的 Munksogaard 生态村;英国 BedZED 生态村等,都是比较成功的生态社区案例。

[5] 出自李自若所著《Silver group 质感银发生活者》,李将其依据 E-ICP2013 版行销资料库定义为"高收入、高家庭所得、高生活开销且坚持质感、品味的银发生活者"。

[6] 依据台湾地区"行政院"农粮署发布的粮食供需年报:2012 年以热量计算之粮食自给率为 32.7%,较 2011 年减少了 1.2%。以趋势来看,自 2002 ~ 2012 年,这 10 年间粮食总产出减少比率高达 16%。

[7] 笔者和淡江大学四年级设计组的老师、同学一起,先后实地考察了云林县 桐乡同仁仁爱之家、长泰老学堂虎尾日照中心,并采访了社团法人云林县老人福利保护协会理事长林金立。

[8] 民间兴建营运后转移模式,或称"兴建-营运-移转"、"建设-运营-移交"、"建设-经营-转让"等(英文:Build operate transfer),多以英文缩写"BOT"称之,是一种公共建设的运用模式,为将政府所规划的工程交由民间投资兴建,并且在经营一段时间后,再转移由政府经营。

参考文献:

[1] 毕光建. 青春不老,农村传奇不灭:农村的参数式思考 [J]. 台湾:建筑师,2013,07:92-101.

[2] 毕光建. 乡村住宅——修补人居自然与界面 [J]. 台湾:建筑师,2013,12:102-105.

[3] 李长虹. 可持续农业社区设计模式研究 [D]. 天津大学,2012.

[4] 李向华. 绿色建筑的经济性分析 [D]. 重庆大学,2007.

[5] 潘永宝. 人工湿地改善景观水体水质技术研究 [D]. 西安建筑科技大学,2007.

[6] 王建春. 住宅开发与老龄社会适应性研究 [D]. 浙江工业大学,2003.

[7] 薛文博. 台湾老人住宅政策分析及长庚养生文化村案例研究 [D]. 天津大学,2014.

[8] 岳晓鹏. 国外生态村社的社会、经济可持续性研究 [D]. 天津大学,2007.

[9] 岳晓鹏. 基于生物区域观的国外生态村发展模式研究 [D]. 天津大学,2011.

[10] 周燕珉. 日本集合住宅及老人居住设施设计新动向 [J]. 世界建筑,2002,08:22-25.

[11] 庄娟娟. 混合型老年社区功能设计研究 [D]. 湖南大学,2011.

图片来源:

图 1 ~图 24:作者自绘。

作者心得

回到乡村

触摸乡村,思考策略,了解台湾这片土地上发生过、正在发生和即将发生的事情:乡村策略场给了我们一个独特的视角。用设计传达认识,贯彻行动课题在场所上聚焦台湾地区的乡村;对象则是乡村土地上的小学校园和乡民。感谢毕光建老师的老朋友廖志桓建筑师和云林老人福利保护协会理事长林金立先生,整个工作坊得以前往云林进行为期一周的实地考察。我们驻扎在廖建筑师的事务所,陆续走访了作为备选基地的三所国小。同时,经过理事长引荐,来到多所养老机构考察。初到云林,廖建筑师就通过一场谈话为我们打开了更多关于乡村、策略和未来的思考。这种性质的谈话在后来的课程设计中又发生过多次。养老机构的实地调研,更让我们深刻感受到老龄化乡村面临的危机和挑战。

带着丰富的素材和开阔后的头脑,我们回到校园,开始逐步推进自己的设计议题。在推进的过程中,毕光建老师和宋伟祥老师组织的若干次评图和我们对于议题的深化每每发生碰撞。而不辞辛劳赶来评图的廖建筑师和林理事长,又常常会从在地意识和从业人员的角度发问,让设计更加真实。

欣闻《中国建筑教育》编辑部举办论文竞赛时,我们很期待借此机会,将乡村策略场这个内涵丰富的设计案介绍给大家。而之所以有勇气以文字的形式呈现课程设计的内容,一方面由于本次设计不是单纯的形式操作或空间思考,而是结合实地资料的策略讨论,这些问题和思考不仅仅适用于台湾地区,同样会对面临日益严峻的老龄化社会的大陆提供参考;另一方面,毕光建老师笔耕不辍,在台湾建筑文坛陆续发表的多篇文字对我们深有教益。仍然记得第一次读到毕老师描绘台湾乡村的文字时那种感动、震撼。而在天津大学,张昕楠老师又耐心给予论文宝贵的指导。

自始至终,本案的完成和最后的文字叙述都发生在多个维度和多位老师、人士的帮助之下。这种多维度,既是时间尺度上的,又是空间尺度上的。而经历了这难忘的一学期,我们也在触摸流动的土地、嬗变的乡村中,感应到新时期建筑学的复杂性。

葛康宁,杨慧

(天津大学建筑学院)

China Architectural Education Students' Paper Competition

《中国建筑教育》大学生论文竞赛
评选章程

2015年5月

一、总则

1. 举办目的

《中国建筑教育》、全国高等学校建筑学专业指导委员会和中国建筑工业出版社为促进全国各建筑院系的建筑思想交流，提高各校的学生各阶段学术研究水平和论文写作能力，激发全国各建筑院系建筑学专业学生的学习热情和竞争意识，鼓励优秀的、有学术研究能力的建筑后备人材的培养，每年在全国建筑院系学生中进行大学生学术论文竞赛的评选活动。

2. 主办

《中国建筑教育》编辑部

全国高等学校建筑学专业指导委员会

3. 参与资格

全国范围内（含港、澳、台地区）在校的建筑学、城市规划学、风景园林学以及其他相关专业背景的学生（包括本科、硕士和博士生），并欢迎境外院校学生积极参与。

4. 举办时间

每学年第一学期举办大学生学术论文竞赛评选活动。

二、评选办法

1. 论文选题

由当届评委会出题。

2. 参赛方式、选送范围与数量

1）学院选送：由各建筑院系组织在校本科、硕士、博士生参加竞赛，有博士点的院校需提交参选论文8份及以上，其他学校需推选4份及以上，提交至主办方，由主办方组织评选。

2）学生自由投稿。

3. 参选论文的要求

1）参选论文要求未以任何形式发表或者出版过；

2）参选论文字数以5000～10000字左右为宜，本科生取下限，研究生取上限，可以适当增减，最长不得超过12000字。

4. 竞赛组织单位

专指委委托并协助《中国建筑教育》编辑部进行论文竞赛的组织与评选工作，选择一所建筑院校联合承办。

5. 评选办法

论文竞赛的评选遵循公平、公开和公正的原则，设评审委员会。竞赛评审将通过预审、复审、终审、奖励四个阶段进行。

1）预审

由评审工作小组（《中国建筑教育》编辑部）对所有参选论文进行顺序编号（评审系统自动为每篇论文生成流水号）登记和审查，凡不符合评选章程和办法的参选论文，一律不予进入复审阶段。预审阶段将从中筛选出2/3左右（视参评论文总数而定）进入复审。

2）复审

复审委员由专指委委员、《中国建筑教育》主编和编委、各建筑院校相关领域教师等11～13人组成。

评委网上阅读进入复审的论文并分别打分，从中评选出入选论文（约占参选论文的30%），并将书面评审意见返回评审工作小组。

3）终审

通过复审的论文，工作小组将综合各位评委的书面意见，组织全体评审委员会委员再次打分或投票，并选出18篇优秀论文。

4）奖励

颁奖活动将在一年一度的全国高等学校建筑学专业院长及系主任大会上进行，获奖者往返旅费及住宿费由获奖者所在院校负责（如为多人合作完成的，所在院校至少提供一位代表费用）。对评选出的优秀论文分别颁发证书或奖章，并给予适量奖金奖励。

5）出版及版权约定

获奖论文将择优刊发在《中国建筑教育》、《建筑师》杂志以及中国建筑工业出版社相关出版物上。

参选论文不得一稿两投。参选论文的著作权归作者本人，但参选论文的出版权归主办方所有。

参选论文不得侵害他人的著作权，要求未以任何形式发表或者出版过，如有发现，一律取消参赛资格。主办方有权将参选论文出版或收入期刊数据库，有权自行汇编作品内容，有权行使作品的信息网络传播权及数字出版权，有权代表作者授予第三方使用作品，作者不得再许可他人行使上述权利。

6）对违反规定情形的处理

如发现参选者违反相关规定，或有任何妨碍论文奖评审活动正常进行的行为的，评委会可以区分情况要求参选者改正，或取消其参加评审活动或获奖的资格；对于已获奖的参选者，由评委会撤销奖励，追回获奖证书和奖金。如涉及违法违纪行为的，论文奖组织者可将相关情形转报有关机关进行处理。

三、经费来源

由主办方落实资金支持。

本章程为试行办法，将根据实施的具体情况逐步进行修改和完善。
本章程的解释权在《中国建筑教育》编辑部及全国高等学校建筑学学科专业指导委员会秘书处。

《中国建筑教育》编辑部
全国高等学校建筑学学科专业指导委员会
2015年5月

附录1：论文参选事宜

1. 论文递交时间：

在规定时间内（以官网投稿时间和电子邮件全部送达时间为准）；评审结束后评审委员会将公布评选结果，并在全国高等学校建筑学专业院长及系主任大会上进行颁奖。论文收集和评选时间如有变化，评审委员会将另行正式通知。

2. 所需递交材料和递交方式：

参选的每份论文需要在《中国建筑教育》官网评审系统上注册后提交（http://archedu.cabp.com.cn/ch/index.aspx），并需将相应参赛文件通过电子邮件发送至编辑部邮箱（电子信箱：2822667140@qq.com）。评审系统提交文件与电子邮件发送内容需保持一致。

（1）官网评审系统注册及提交方式：

- ◆ 打开论文评审系统所在网页，点击左侧"用户专区"下方的"作者登录"一项；按提示进行"新用户注册"，填写信息并确认后，进入作者页面；
- ◆ 点击左侧"投稿"一项，跳转后上传含完整文字与图片排版的论文正文（word格式，详细论文格式见附录2），而单独提取出的原图片文件（文件压缩包形式），相关证明文件（jpg格式）及个人信息（txt格式）需在下方通过附件上传；
- ◆ 确保所有必填项完整且正确后，点击"下一步"并确认，显示"投稿成功"即为在该系统提交成功。

（2）电子邮件发送方式：

- ◆ 电子邮件主题为：参加论文竞赛－学校院系名－年级－学生姓名－论文题目－联系电话。
- ◆ 电子邮件的文件以附件压缩包形式提交，包括：

①“论文正文”一份（word 格式），需含完整文字与图片排版，详细论文格式见附录 2；
②“图片”文件夹一份，单独提取出每张图片的清晰原图（jpg 格式）；
③“作者信息”一份（txt 格式），内容包括：论文名称、所在年级、学生姓名、指导教师、学校及院系全名；
④“在校证明”一份（jpg 格式），为证明作者在校身份的学生证件复印件，或院系盖章证明。

3. 其　他：

（1）竞赛不收取参赛者报名费等任何费用；
（2）大奖赛的参赛者必须为在校的大学本科生、硕士或博士生，如发现不符者，将取消其参赛资格；
（3）参选论文不得一稿两投；
（4）参选论文的著作权归作者本人，但参选论文的出版权归主办方所有。
（5）参选论文不得侵害他人的著作权，要求未以任何形式发表或者出版过，如有发现，一律取消参赛资格；
（6）论文获奖后，不接受增添、修改参与人。
（7）每篇参选文章作者人数不超过两人，指导老师人数不超过两人。

附录 2：参赛论文格式及提交须知

1. 除海外同学外，稿件一般使用中文。

2. 参选论文字数以 5000 ~ 10000 字左右为宜，本科生取下限，研究生取上限，可以适当增减，最长不得超过 12000 字。

3. 参选论文应包含以下信息（并按此顺序排列）：
（1）文章的中文标题；
（2）中文摘要（字数控制在 200 字以内）；
（3）中文关键词（不超过 8 个）；
（4）文章的英文标题；
（5）英文摘要（字符数控制在 600 字符以内）；
（6）英文关键词（不超过 8 个）；
（7）论文正文；
（8）完整的注释（不采用脚注，统一置于正文后）；
（9）完整的参考文献（统一置于注释之后，并按作者姓名首位字母顺序编号排列，中英文混排）；
（10）完整的图片来源。

4. 论文版式要求：

- 要求在论文页脚处标明作者所在的年级（示例：本科一年级，或硕士一年级、博士一年级）；但作者其他信息不出现论文上。
- 全文统一按 word 格式 A4 纸（“页面设置”按 word 默认值）编排、打印、制作；
- 字体：中文标题为黑体，其他中文字符均为宋体，数字及英文字符为 Times New Roman；
  字号：全文统一为小四号；
  字符间距：标准；
  行距：20 磅；
- 文章正文的标题、表格、图、等式以及脚注必须分别连续编号。
  一级标题用一、二、三等编号，二级标题用（一）、（二）、（三）等，三级标题用 1.、2.、3. 等，四级标题（1）、（2）、（3）等。各级标题左对齐。前三级独占一行，不用标点符号，四级及以下与正文连排。
- 文中若附有图片，图片信息需制作成 jpg 格式的电子文件，并在光盘中以文件夹形式将所有图片单独存放，注明详细的图号、图题；图片文档尺寸一般不小于 10×10cm，分辨率不得少于 300dpi，以保证印刷效果。

2016《中国建筑教育》"清润奖"大学生论文竞赛

2016 *China Architectural Education*/TSINGRUN Award Students' Paper Competition

竞赛题目：历史作为一种设计资源（本、硕、博学生可选）

出题人：韩冬青

历史是客观的存在，对历史的诠释和传承却隐含着今人的认知意识与方法。历史由此延伸到当下及未来的生活情景之中。历史不仅意味着一种记忆的存储，更可以转化为当今的设计资源，以观念的启迪、意境的呈现、格局的铺陈、空间的驾驭、建造的匠心等等丰富的意念和形态融化到当下和未来建筑环境的设计之中。我们的论述将致力于探索设计进程中对历史宝藏的多视角、多层面的发掘和诠释，并使之转化为某种创造性的运用策略，使沉淀的历史在当代的设计中展现出新的文化活力。

请根据以上内容深入解析，立言立论；竞赛题目可根据提示要求自行拟定。

竞赛宗旨：

为了适应我国建筑业的迅猛发展，学科建设以及学科队伍的不断发展壮大，相应的理论研究与探索也在深度和广度上有了新的进展。为了在建筑理论的多元化与批评伦理的缺失状态下，推动和提升广大专业学生科学有据的理性思维，使得他们面对纷纭的建筑现象与多元理论的冲击时不致于迷失方向，2014 年，由《中国建筑教育》发起，联合全国高等学校建筑学专业指导委员会、中国建筑工业出版社、东南大学建筑学院、北京清润国际建筑设计研究有限公司共同举办大学生论文竞赛。竞赛已连续举办了两年，达到了预期的效果，在建筑教育界受到很高的评价。

2016 年的论文竞赛旨在通过对不同阶段学生论文的评选，及时了解和发现我国现阶段不同专业层面教育中存在的问题，及时在教学中进行调整和反馈，有序推进理论教学水平的提升；通过优秀论文的点评与推广，激发学生的学习与思考热情，为学生树立较好的参照系统，使理论教学有章可循；通过持续的论文竞赛活动，提升学生群体的整体理论素养，并为及时发现优秀研究型人才做好培养和储备工作。

论文竞赛主要面向在校大学生和研究生，以国内学生为主，并欢迎境外院校学生积极参与。论文竞赛拟每学年举办一次，每年有一定范畴内的设题，对来稿进行内容规范与约束，本科组与硕博组分开评选，并分别予以奖励，获奖论文将择优刊发表在《中国建筑教育》以及中国建筑工业出版社相关出版物上。

竞赛评委由建筑学专业指导委员会与《中国建筑教育》联合推选，设有评委会主任及轮值评审委员。

承　　办：《中国建筑教育》编辑部　　东南大学建筑学院

主　　办：《中国建筑教育》编辑部
北京清润国际建筑设计研究有限公司
全国高等学校建筑学专业指导委员会

评审委员会主任：仲德崑　沈元勤　王建国　王莉慧

本届轮值评审委员（以姓氏笔画为序）：
马树新　王建国　王莉慧　仲德崑　庄惟敏　刘克成　孙一民　李　东　李振宇　张　颀　赵万民　梅洪元　韩冬青

评审委员会秘书：屠苏南　陈海娇

奖　　励：

一等奖	2 名（本科组 1 名、硕博组 1 名）	奖励证书＋壹万元人民币整
二等奖	6 名（本科组 3 名、硕博组 3 名）	奖励证书＋伍仟元人民币整
三等奖	10 名（本科组 5 名、硕博组 5 名）	奖励证书＋叁仟元人民币整
优秀奖	若干名	奖励证书
组织奖	3 名（奖励组织工作突出的院校）	奖励证书

征稿方式：1. 学院选送：由各建筑院系组织在校本科、硕士、博士生参加竞赛，有博士点的院校需推选论文 8 份及以上，其他学校需推选 4 份及以上，于规定时间内提交至主办方，由主办方组织评选。
2. 学生自由投稿。

论文要求：1. 参选论文要求未以任何形式发表或者出版过；
2. 参选论文字数以 5000 ~ 10000 字左右为宜，本科生取下限，研究生取上限，可以适当增减，最长不得超过 12000 字。
3. 论文全文引用率不超过 10%。

提交内容：1. "论文正文"一份（word 格式），需含完整文字与图片排版，详细格式见章程附录 2；
2. "图片"文件夹一份，单独提取出每张图片的清晰原图（jpg 格式）；
3. "作者信息"一份（txt 格式），内容包括：论文名称、所在年级、学生姓名、指导教师、学校及院系全名；
4. "在校证明"一份（jpg 格式），为证明作者在校身份的学生证复印件或院系盖章证明。

提交方式：1. 在《中国建筑教育》官网评审系统注册提交（http://archedu.cabp.com.cn/ch/index.aspx）（由学院统一选送的文章亦需学生个人在评审系统单独注册提交）；
2. 同时发送相应电子文件至信箱：2822667140@qq.com（邮件主题和附件名均为：参加论文竞赛－学校院系名－年级－学生姓名－论文题目－联系电话）。
3. 评审系统提交文件与电子邮件发送内容需保持一致。具体提交步骤请详见章程附录 1。

联系方式：010-58337043 陈海娇；010-58934311 柳涛。

截止日期：2016 年 9 月 12 日（以评审系统和电子邮件均送达成功为准，编辑部会统一发送确认邮件；为防止评审系统压力，提醒参赛者错开截止日期提交）。

参与资格：全国范围内（含港、澳、台地区）在校的建筑学、城市规划学、风景园林学以及其他相关专业背景的学生（包括本科、硕士和博士生），并欢迎境外院校学生积极参与。

评选办法：本次竞赛将通过预审、复审、终审、奖励四个阶段进行。

颁　　奖：在今年的全国高等学校建筑学专业院长及系主任大会上进行，获奖者往返旅费及住宿费由获奖者所在院校负责（如为多人合作完成的，至少提供一位代表费用）。

发　　表：获奖论文将择优刊发在《中国建筑教育》上，同时将两年为一辑由中国建筑工业出版社结集出版。

其　　他：1. 本次竞赛不收取参赛者报名费等任何费用。
2. 本次大奖赛的参赛者必须为在校的大学本科生、硕士或博士生，如发现不符者，将取消其参赛资格。
3. 参选论文不得一稿两投。
4. 论文全文不可涉及任何个人信息、指导老师信息、基金信息或者致谢等内容，论文如需备注基金项目，可在论文出版时另行补充。
5. 参选论文的著作权归作者本人，但参选论文的出版权归主办方所有，主办方保留一、二、三等奖的所有出版权，其他论文可修改后转投他刊。
6. 参选论文不得侵害他人的著作权，要求未以任何形式发表或者出版过，如有发现，一律取消参赛资格。
7. 论文获奖后，不接受增添、修改参与人。
8. 每篇参选文章的作者人数不得超过两人，指导老师人数不超过两人，凡作者或指导老师人数超过两人为不符合要求。
9. 具体的竞赛【评选章程】、论文格式要求及相关事宜：
请通过《中国建筑教育》官网评审系统下载（http://archedu.cabp.com.cn/ch/index.aspx）；
请通过"专指委"的官方网页下载（http://www.abbs.com.cn/nsbae/）；
关注《中国建筑教育》微信平台查看（微信订阅号：《中国建筑教育》）。

（扫描二维码，查看竞赛相关事宜）

《中国建筑教育》2016·专栏预告及征稿

《中国建筑教育》由全国高等学校建筑学学科专业指导委员会，全国高等学校建筑学专业教育评估委员会，中国建筑学会和中国建筑工业出版社联合主编，是教育部学位中心在2012年第三轮全国学科评估中发布的20本建筑类认证期刊（连续出版物）之一，主要针对建筑学、城市规划、风景园林、艺术设计等建筑相关学科及专业的教育问题进行探讨与交流。

《中国建筑教育》每期固定开辟“专题”栏目——每期设定核心话题，针对相关建筑学教学主题、有影响的学术活动、专指委组织的竞赛、社会性事件等制作组织专题性稿件，呈现新思想与新形式的教育与学习前沿课题。

2016年，《中国建筑教育》主要专栏计划安排如下（出版先后顺序视实际情况调整）：

1. 专栏**“建筑类学术论文的选题与写作”**（截稿日期：2016.07.31）
2. 专栏**“建筑／城规／风景园林历史与理论教学研究”**（截稿日期：2016.07.31）
3. 专栏**“建造中的材料与技术教学研究”**（截稿日期：2016.07.31）
4. 专栏**“城市设计教学研究”**（截稿日期：2016.09.30）
5. 专栏**“数字化建筑设计教学研究”**（截稿日期：2016.09.30）
6. 专栏**“乡村聚落改造与历史区域更新实践与教学研究”**（截稿日期：2016.09.30）

《中国建筑教育》其他常设栏目有：建筑设计研究与教学、建筑构造与技术教学研究、联合教学、域外视野、众议、建筑教育笔记、书评、教学问答、名师素描、建筑作品、作业点评等。以上栏目长期欢迎投稿！

《中国建筑教育》来稿须知

1. 来稿务求主题明确，观点新颖，论据可靠，数据准确，语言精练、生动、可读性强，稿件字数一般在3000—8000字左右（特殊稿件可适当放宽），“众议”栏目文稿字数一般在1500—2500字左右（可适当放宽）。文稿请通过电子邮件（Word文档附件）发送，请发送到电子信箱2822667140@qq.com。

2. 所有文稿请附中、英文题，中、英文摘要（中文摘要的字数控制在200字内，英文摘要的字符数控制在600字符以内）和关键词（8个之内），并注明作者单位及职务、职称、地址、邮政编码、联系电话、电子信箱等（请务必填写可方便收到样刊的地址）；文末请附每位作者近照一张（黑白、彩色均可，以头像清晰为准，见刊后约一寸大小）。

3. 文章中要求图片清晰、色彩饱和，尺寸一般不小于10cm×10cm；线条图一般以A4幅面为适宜，墨迹浓淡均匀；图片（表格）电子文件分辨率不小于300dpi，并单独存放，以保证印刷效果；文章中量单位请按照国家标准采用，法定计量单位使用准确。如长度单位：毫米、厘米、米、公里等，应采用mm、cm、m、km等；面积单位：平方公里、公顷等应采用km^2、hm^2等表示。

4. 文稿参考文献著录项目按照GB7714—87要求格式编排顺序，即：

（1）期刊：全部作者姓名．书名．文题．刊名．年，卷（期）：起止页

（2）著（译）作：全部作者姓名．书名．全部译者姓名．出版城市：出版社，出版年．

（3）凡引用的参考文献一律按照尾注的方式标注在文稿的正文之后。

5. 文稿中请将参考文献与注释加以区分，即：

（1）参考文献是作者撰写文章时所参考的已公开发表的文献书目，在文章内无需加注上脚标，一律按照尾注的方式标注在文稿的正文之后，并用数字加方括号表示，如[1]，[2]，[3]，…。

（2）注释主要包括释义性注释和引文注释。释义性注释是对文章正文中某一特定内容的进一步解释或补充说明；引文注释包括各种引用文献的原文摘录，要详细注明节略原文；两种注释均需在文章内相应位置按照先后顺序加注上标标注如[1]，[2]，[3]，…，注释内容一律按照尾注的方式标注在文稿的正文之后，并用数字加方括号表示，如[1]，[2]，[3]，…，与文中相对应。

6. 文稿中所引用图片的来源一律按照尾注的方式标注在注释与参考文献之后。并用图1，图2，图3…的形式按照先后顺序列出，与文中图片序号相对应。